Réussir au COLLÈGE

Spécial entraînement

5e

Maths

Josyane CUREL
Paul FAUVERGUE
André SARNETTE
Enseignants

hachette
ÉDUCATION

Sommaire

Partie 1 – Nombres et calculs

Partie 2 – Gestion de données

I.S.B.N. 978-2-01-708115-9

58, rue Jean Bleuzen, 92170 Vanves.

www.hachette-education.com

Conception graphique
Couverture : Stéphanie Benoit
Intérieur : Mélissa Chalot
Mise en page : Grafatom
Illustrations
Intérieur : Dominique Fages

Partie 3 – Espace et géométrie

Mode d'emploi

Cet ouvrage a été conçu pour t'accompagner tout au long de l'année et t'aider à maîtriser tous les points du programme.

Les tests de connaissances

Au début de chaque partie, des tests préliminaires te permettent de savoir où tu en es de tes connaissances.

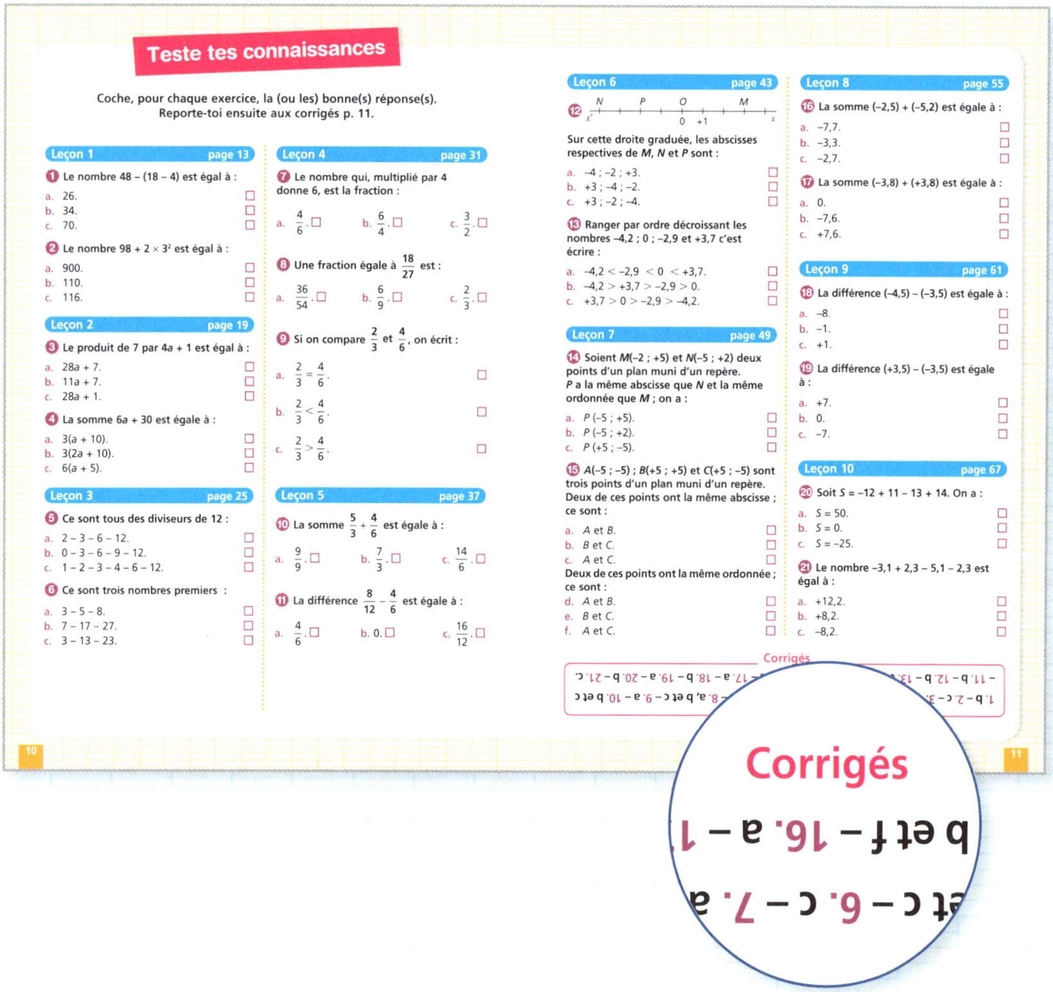
Teste tes connaissances

Coche, pour chaque exercice, la (ou les) bonne(s) réponse(s).
Reporte-toi ensuite aux corrigés p. 11.

Leçon 1 page 13

1 Le nombre 48 – (18 – 4) est égal à :
a. 26. ☐
b. 34. ☐
c. 70. ☐

2 Le nombre 98 + 2 × 3^2 est égal à :
a. 900. ☐
b. 110. ☐
c. 116. ☐

Leçon 2 page 19

3 Le produit de 7 par 4*a* + 1 est égal à :
a. 28*a* + 7. ☐
b. 11*a* + 7. ☐
c. 28*a* + 1. ☐

4 La somme 6*a* + 30 est égale à :
a. 3(*a* + 10). ☐
b. 3(2*a* + 10). ☐
c. 6(*a* + 5). ☐

Leçon 3 page 25

5 Ce sont tous des diviseurs de 12 :
a. 2 – 3 – 6 – 12. ☐
b. 0 – 3 – 6 – 9 – 12. ☐
c. 1 – 2 – 3 – 4 – 6 – 12. ☐

6 Ce sont trois nombres premiers :
a. 3 – 5 – 8. ☐
b. 7 – 17 – 27. ☐
c. 3 – 13 – 23. ☐

Leçon 4 page 31

7 Le nombre qui, multiplié par 4 donne 6, est la fraction :
a. $\frac{4}{6}$. ☐ b. $\frac{6}{4}$. ☐ c. $\frac{3}{2}$. ☐

8 Une fraction égale à $\frac{18}{27}$ est :
a. $\frac{36}{54}$. ☐ b. $\frac{6}{9}$. ☐ c. $\frac{2}{3}$. ☐

9 Si on compare $\frac{2}{3}$ et $\frac{4}{6}$, on écrit :
a. $\frac{2}{3} = \frac{4}{6}$. ☐
b. $\frac{2}{3} < \frac{4}{6}$. ☐
c. $\frac{2}{3} > \frac{4}{6}$. ☐

Leçon 5 page 37

10 La somme $\frac{5}{3} + \frac{4}{6}$ est égale à :
a. $\frac{9}{9}$. ☐ b. $\frac{7}{3}$. ☐ c. $\frac{14}{6}$. ☐

11 La différence $\frac{8}{12} - \frac{4}{6}$ est égale à :
a. $\frac{4}{6}$. ☐ b. 0. ☐ c. $\frac{16}{12}$. ☐

Leçon 6 page 43

12 (droite graduée : N, P, O, M ; 0 ; +1)
Sur cette droite graduée, les abscisses respectives de *M*, *N* et *P* sont :
a. –4 ; –2 ; +3. ☐
b. +3 ; –4 ; –2. ☐
c. +3 ; –2 ; –4. ☐

13 Ranger par ordre décroissant les nombres –4,2 ; 0 ; –2,9 et +3,7 c'est écrire :
a. –4,2 < –2,9 < 0 < +3,7. ☐
b. –4,2 > +3,7 > –2,9 > 0. ☐
c. +3,7 > 0 > –2,9 > –4,2. ☐

Leçon 7 page 49

14 Soient *M*(–2 ; +5) et *N*(–5 ; +2) deux points d'un plan muni d'un repère. *P* a la même abscisse que *N* et la même ordonnée que *M* ; on a :
a. *P* (–5 ; +5). ☐
b. *P* (–5 ; +2). ☐
c. *P* (+5 ; –5). ☐

15 *A*(–5 ; –5) ; *B*(+5 ; +5) et *C*(+5 ; –5) sont trois points d'un plan muni d'un repère.
Deux de ces points ont la même abscisse ; ce sont :
a. *A* et *B*. ☐
b. *B* et *C*. ☐
c. *A* et *C*. ☐
Deux de ces points ont la même ordonnée ; ce sont :
d. *A* et *B*. ☐
e. *B* et *C*. ☐
f. *A* et *C*. ☐

Leçon 8 page 55

16 La somme (–2,5) + (–5,2) est égale à :
a. –7,7. ☐
b. –3,3. ☐
c. –2,7. ☐

17 La somme (–3,8) + (+3,8) est égale à :
a. 0. ☐
b. –7,6. ☐
c. +7,6. ☐

Leçon 9 page 61

18 La différence (–4,5) – (–3,5) est égale à :
a. –8. ☐
b. –1. ☐
c. +1. ☐

19 La différence (+3,5) – (–3,5) est égale à :
a. +7. ☐
b. 0. ☐
c. –7. ☐

Leçon 10 page 67

20 Soit *S* = –12 + 11 – 13 + 14. On a :
a. *S* = 50. ☐
b. *S* = 0. ☐
c. *S* = –25. ☐

21 Le nombre –3,1 + 2,3 – 5,1 – 2,3 est égal à :
a. +12,2. ☐
b. +8,2. ☐
c. –8,2. ☐

Corrigés

Corrigés

Tu vérifies tes réponses dans les corrigés. Tu peux ainsi travailler en priorité les leçons où tu as fait le plus d'erreurs.

Les leçons

Lis attentivement le cours
et retiens particulièrement
les phrases surlignées en jaune.

Les mots suivis d'un * sont
expliqués dans le lexique
en fin d'ouvrage.

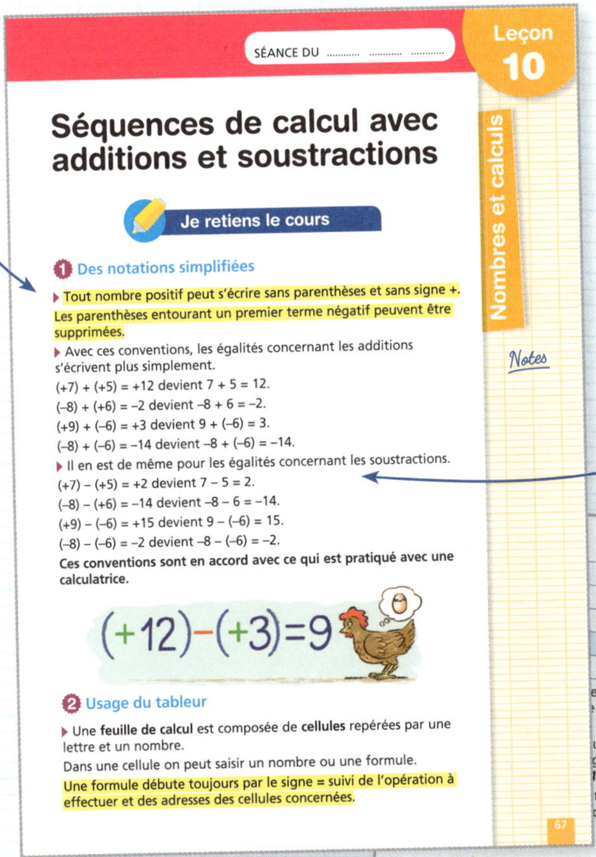

SÉANCE DU ....

Leçon 10

Nombres et calculs

Séquences de calcul avec additions et soustractions

Je retiens le cours

1 Des notations simplifiées

▸ Tout nombre positif peut s'écrire sans parenthèses et sans signe +.
Les parenthèses entourant un premier terme négatif peuvent être supprimées.

▸ Avec ces conventions, les égalités concernant les additions s'écrivent plus simplement.

(+7) + (+5) = +12 devient 7 + 5 = 12.
(–8) + (+6) = –2 devient –8 + 6 = –2.
(+9) + (–6) = +3 devient 9 + (–6) = 3.
(–8) + (–6) = –14 devient –8 + (–6) = –14.

▸ Il en est de même pour les égalités concernant les soustractions.

(+7) – (+5) = +2 devient 7 – 5 = 2.
(–8) – (+6) = –14 devient –8 – 6 = –14.
(+9) – (–6) = +15 devient 9 – (–6) = 15.
(–8) – (–6) = –2 devient –8 – (–6) = –2.

Ces conventions sont en accord avec ce qui est pratiqué avec une calculatrice.

2 Usage du tableur

▸ Une **feuille de calcul** est composée de **cellules** repérées par une lettre et un nombre.
Dans une cellule on peut saisir un nombre ou une formule.
Une formule débute toujours par le signe = suivi de l'opération à effectuer et des adresses des cellules concernées.

Notes

67

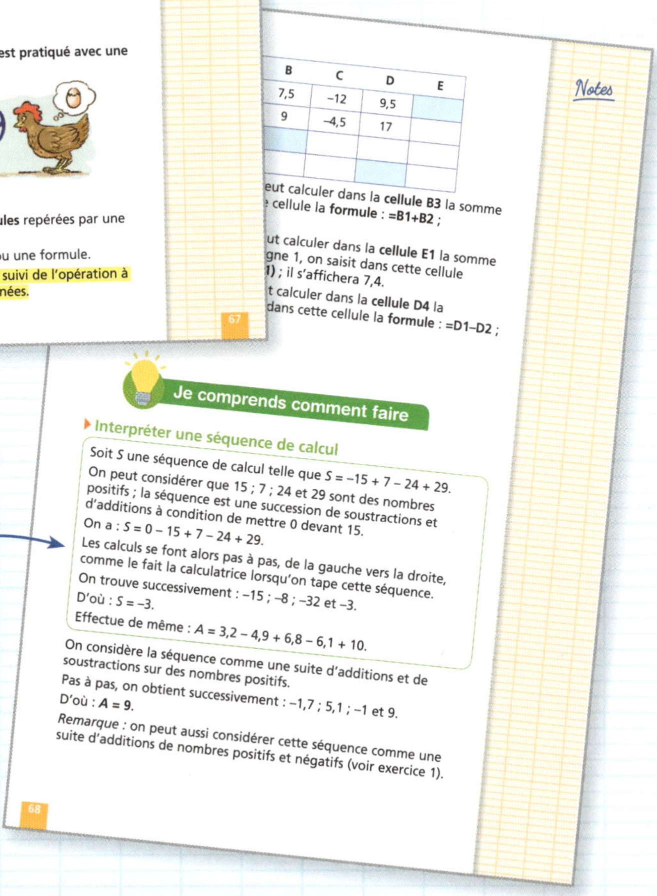

B	C	D	E
7,5	–12	9,5	
9	–4,5	17	

…eut calculer dans la **cellule B3** la somme
… cellule la **formule** : **=B1+B2** ;

…ut calculer dans la **cellule E1** la somme
…gne 1, on saisit dans cette cellule
…1) ; il s'affichera 7,4.
…t calculer dans la **cellule D4** la
…dans cette cellule la **formule** : **=D1–D2** ;

Notes

Je comprends comment faire

▸ Interpréter une séquence de calcul

Soit *S* une séquence de calcul telle que *S* = –15 + 7 – 24 + 29.
On peut considérer que 15 ; 7 ; 24 et 29 sont des nombres positifs ; la séquence est une succession de soustractions et d'additions à condition de mettre 0 devant 15.
On a : *S* = 0 – 15 + 7 – 24 + 29.
Les calculs se font alors pas à pas, de la gauche vers la droite, comme le fait la calculatrice lorsqu'on tape cette séquence.
On trouve successivement : –15 ; –8 ; –32 et –3.
D'où : *S* = –3.
Effectue de même : *A* = 3,2 – 4,9 + 6,8 – 6,1 + 10.

On considère la séquence comme une suite d'additions et de soustractions sur des nombres positifs.
Pas à pas, on obtient successivement : –1,7 ; 5,1 ; –1 et 9.
D'où : ***A* = 9**.
Remarque : on peut aussi considérer cette séquence comme une suite d'additions de nombres positifs et négatifs (voir exercice 1).

68

Étudie les méthodes
expliquées dans la rubrique
« Je comprends comment faire ».
Elles te seront utiles
pour réussir tes exercices.

Les exercices et les corrigés

Entraîne-toi en faisant tous les exercices de la leçon. Pratique : tu as toute la place nécessaire pour écrire directement sur le livre !

Je m'entraîne

Corrigés p. 72

Brouillon

Exercice 1

Soit S une séquence de calcul telle que $S = -15 + 7 - 24 + 29$.
On peut considérer S comme une suite d'additions car
$S = -15 + 7 + (-24) + 29$.
S est alors une somme de quatre termes : –15 ; 7 ; –24 et 29 dont on peut modifier l'ordre.
On peut, par exemple, regrouper les positifs en début de séquence puis ajouter séparément les positifs et les négatifs :
$S = 7 + 29 + (-15) + (-24)$; $S = 36 + (-39)$; $S = -3$.

Calcule de même chacune des séquences suivantes.

a. $A = 3,2 - 4,9 + 6,8 - 6,1 + 10$

$A =$ ……

b. $B = -14,9 + 9,8 - 8,1 + 12,6 - 15,4$

$B =$ ……

Exercice 2

Calcule à la main, puis vérifie avec ta calculatrice.

a. 2,5 – 7,4 + 9,5 = ……

b. 2,5 – 7,4 + 9,5 – 14 = ……

c. 2,5 – 7,4 + 9,5 – 14 + 7,8 = ……

Exercice 3

Calcule en respectant la priorité indiquée par les par

a. 2,5 – (7,4 + 9,5) = ……

b. (2,5 – 7,4) + (9,5 – 14) = ……

c. 2,5 – (7,4 + 9,5) – (14 + 7,8) = ……

Utilise la marge comme brouillon !

Corrigés des exercices

Exercice 1

a. A est la somme de cinq termes : 3,2 ; –4,9 ; 6,8 ; –6,1 et 10.
Si on regroupe les termes positifs en début de séquence, on a :
$A = 3,2 + 6,8 + 10 - 4,9 - 6,1 = 20 - 11 = \mathbf{9}$.
En respectant l'ordre de la séquence, avec ou sans calculatrice, on trouve aussi 9.
b. De même $B = 9,8 + 12,6 - 14,9 - 8,1 - 15,4 = 22,4 - 38,4 = \mathbf{-16}$.

Exercice 2

a. Résultat final : **4,6**. b. Résultat final : **–9,4**. c. Résultat final : **–1,6**.

Exercice 3

a. 2,5 – (7,4 + 9,5) = 2,5 – 16,9 = **–14,4**.
b. (2,5 – 7,4) + (9,5 – 14) = –4,9 + (–4,5) = **–9,4**.
c. 2,5 – (7,4 + 9,5) – (14 + 7,8) = 2,5 – 16,9 – 21,8 = **–36,2**.

Exercice 4

a. Dans la cellule **A4**, il faut saisir la formule **=A1+A2+A3**.
De **A4** à **F4**, on obtient respectivement : **1 540 ; 1 340 ; 1 730 ; 1 240 ; 2 070 ; 2 730**.
b. Avec la formule **=A3–A1** on obtient **20** dans la cellule **A5** ; 20 est **la variation de la fréquentation entre la première semaine et la troisième semaine.**
De **A5** à **F5**, on obtient respectivement : **20 ; 30 ; –130 ; 110 ; –70 ; –50**.
+20, +30 et +110 sont des augmentations. –130, –70 et –50 sont des diminutions.

Exercice 5

a. 27 – (–35) = **62** ; –29 – 41 = **–70** ; S = 62 – (–70) = **132**.
b. S = [–12,5 – 24,2] – [–31,8 – (–9,7)] = –36,7 – (–22,1) = **–14,6**.

Exercice 6

a. Dans la cellule **A5**, il faut saisir la formule : **=A2+A3+A4** ou **=SOMME(A2:A4)**.
On obtient respectivement : **–2 ; –12 ; +11 ; –8 ; +22 ; +1**.
b. **1er jour : –8 < –6 < –5 < –4 < +7 < +8.**
Classement : 1er Mic (–8) ; **2e Jef (–6) ; 3e Ted (–5) ; 4e Ron (–4) ; 5e Don (+7) ; 6e Bill (+8).**

2e jour : –3 < –2 < +1 < +2 < +5 < +6.
Classement : **1er Ron (–3) ; 2e Bill (–2) ; 3e Mic (+1) ; 4e Jef (+2) ; 5e Ted (+5) ; 6e Don (+6).**

3e jour : –5 < –4 < –2 < +5 < +8 < +9.
Classement : **1er Ron (–5) ; 2e Jef (–4) ; 3e Ted (–2) ; 4e Bill (+5) ; 5e Mic (+8) ; 6e Don (+9).**

Total final : –12 < –8 < –2 < +1 < +11 < +22.
Classement final : **1er Ron (–12) ; 2e Jef (–8) ; 3e Ted (–2) ; 4e Mic (+1) ; 5e Bill (+11) ; 6e Don (+22).**

72

Vérifie tes réponses en consultant les corrigés qui se trouvent à la fin de chaque leçon.

Le lexique

Le lexique – index en fin d'ouvrage (pages 189 à 192) te permet de retrouver toutes les définitions des mots qui sont suivis d'un * dans les leçons.

Lexique – Index

A

Abscisse (droite graduée), **43**

Abscisse (plan), **49**

Addition (fractions), **37, 38**

Addition (quotients), **37**

Addition (relatifs), **55**

Aire du carré : L'aire A d'un carré de côté a est telle que $A = a \times a = a^2$.

Aire du cylindre, **129**

Aire du disque : L'aire A d'un disque de rayon R est telle que $A = \pi R^2$.

Aire du parallélogramme, **177**

Aire du prisme, **123**

Aire du rectangle : L'aire d'un rectangle est égale au produit de sa longueur par sa largeur.

Aire du triangle, **177**

Aire latérale (cylindre), **129**

Aire latérale (prisme), **123**

Angles (triangle équilatéral), **159**

Angles (triangle isocèle), **159**

Angles (triangle rectangle), **159**

Angles alternes-internes, **153**

Angles complémentaires : Deux angles complémentaires ont pour somme 90°.

Angles correspondants, **153**

Angles opposés par le sommet, **153**

Angles supplémentaires : Deux angles supplémentaires ont pour somme 180°

Approximations décimales :
- à 1 près par défaut : on coupe après le chiffre des unités ;
- à 1 près par excès : on ajoute 1 à l'approximation par défaut ;
- à 0,1 près par défaut : on coupe après le chiffre des dixièmes ;
- à 0,1 près par excès : on ajoute 0,1 à l'approximation par défaut ;
- à 0,01 près par défaut : on coupe après le chiffre des centièmes ;
- à 0,01 près par excès : on ajoute 0,01 à l'approximation par défaut.

Ex. : Approximations décimales du nombre π :
- à 1 près : 3 par défaut et 4 par excès ;
- à 0,1 près : 3,1 par défaut et 3,2 par excès ;
- à 0,01 près : 3,14 par défaut et 3,15 par excès.

Arêtes du prisme, **123**

Arrondi d'un nombre : Pour arrondir à l'unité, on regarde le chiffre des dixièmes.
- Si c'est 0 ; 1 ; 2 ; 3 ou 4, l'arrondi est l'approximation par défaut.
- Si c'est 5 ; 6 ; 7 ; 8 ou 9, l'arrondi est l'approximation par excès.

Pour arrondir au dixième, on regarde le chiffre des centièmes.

Axe de symétrie, **147**

Axe des abscisses, **49**

Axe des ordonnées, **49**

Axe du cylindre, **129**

B - C

Base du cylindre, **129**

Base du prisme, **123**

Bissectrice d'un angle : La bissectrice d'un angle est la demi-droite issue du sommet de l'angle qui partage l'angle en deux angles égaux.

Carré, **147**

Carré d'un nombre : Le carré d'un nombre a est noté a^2 ; c'est le produit $a \times a$.

Cas d'égalité des triangles, **171**

Centre de symétrie, **135, 147**

Cercle : Le cercle de centre O et de rayon R est l'ensemble des points du plan situés à la distance R du point O.

Cercle circonscrit, **165**

Cercle (longueur) : La longueur L d'un cercle de rayon R est $L = 2\pi R$.

Coefficient de proportionnalité, **77**

Comparaison (fractions), **32**

Comparaison (quotients), **32**

Comparaison (relatifs), **44**

Construire un triangle, **172**

Coordonnées d'un point, **49**

Corde d'un cercle : Une corde est un segment qui joint deux points d'un cercle.

Couple de coordonnées, **49**

Critères de divisibilité (voir Divisibilité)

Cube d'un nombre : Le cube d'un nombre a est noté a^3 ; c'est le produit $a \times a \times a$.

Cylindre, **129**

D

Dénominateur, **31**

Dénominateur commun, **37, 38**

Développer, **20**

Diagonale d'un quadrilatère : Une diagonale d'un quadrilatère est un segment qui joint deux sommets opposés du quadrilatère.

Diagramme circulaire, **101**

Diagramme en bâtons, **101**

Diagramme semi-circulaire, **101, 102**

Diamètre d'un cercle : Un diamètre est un segment joignant deux points du cercle et contenant le centre de ce cercle.

Différence (fractions), **37**

Différence (quotients), **37**

Différence (relatifs), **61**

Disque : Le disque de centre O et de rayon R est l'ensemble des points du plan situés à une distance inférieure ou égale à R du point O.

Disque (aire), (voir aire du disque)

Disque (périmètre), (voir longueur du cercle)

Distance (droite graduée), **61**

Distributivité, **19**

Dividende, **25**

Diviseur, **25**

Divisibilité (critères) :
- Un nombre est divisible par 2 lorsque le chiffre des unités est 0 ; 2 ; 4 ; 6 ou 8.
- Un nombre est divisible par 5 lorsque le chiffre des unités est 0 ou 5.
- Un nombre est divisible par 10 lorsque le chiffre des unités est 0.
- Un nombre est divisible par 3 lorsque la somme de ses chiffres est divisible par 3.
- Un nombre est divisible par 9 lorsque la somme de ses chiffres est divisible par 9.

Division euclidienne, **25**

Droite graduée, **43**

Droites parallèles : Deux droites qui ne sont pas sécantes sont parallèles. Deux droites parallèles n'ont aucun point commun ou sont confondues.

Droites perpendiculaires : Deux droites qui se coupent en faisant un angle droit sont perpendiculaires (les quatre angles sont droits).

Droites sécantes : Deux droites qui ont un seul point commun sont sécantes.

E - F - G

Échelle, **89**

Écriture fractionnaire, **31**

Égalité (fractions), **31**

Égalité (quotients), **31**

Événement (probabilité), **113**

Éventualité (probabilité), **113**

Expérience aléatoire, **113**

Face d'un prisme, **123**

Facteur d'un produit : 2 et 5 sont les deux facteurs du produit 2×5.

Factoriser, **20**

Fraction, **31**

Fréquences, **107**

Génératrice du cylindre, 129, **131**

Grandeurs mesurables, **183**

H - I - L

Hauteur du cylindre, **129**

Hauteur du parallélogramme : Dans un parallélogramme, la droite passant par un sommet et perpendiculaire au support du côté opposé est une hauteur du parallélogramme.
Le mot « hauteur » désigne à la fois une droite, un segment et la mesure de la longueur de ce segment.

Hauteur du prisme, **123**

Hauteur du triangle : Dans un triangle, la droite passant par un sommet et perpendiculaire au support du côté opposé est une hauteur.
Le mot « hauteur » désigne à la fois une droite, un segment et la mesure de la longueur de ce segment.

Hypoténuse : Dans un triangle rectangle, le côté opposé à l'angle droit est l'hypoténuse.

Inégalité triangulaire, **171**

Inférieur (strictement), **44**

Issue (probabilité), **113**

Longueur du cercle : Pour un cercle de rayon R, la longueur L est telle que $L = 2\pi R$.

Losange, **147**

190 191

Partie 1

Nombres et calculs

Teste tes connaissances

Coche, pour chaque exercice, la (ou les) bonne(s) réponse(s).
Reporte-toi ensuite aux corrigés p. 11.

Leçon 1 page 13

1 Le nombre 48 – (18 – 4) est égal à :

a. 26. ☐
b. 34. ☐
c. 70. ☐

2 Le nombre $98 + 2 \times 3^2$ est égal à :

a. 900. ☐
b. 110. ☐
c. 116. ☐

Leçon 2 page 19

3 Le produit de 7 par $4a + 1$ est égal à :

a. $28a + 7$. ☐
b. $11a + 7$. ☐
c. $28a + 1$. ☐

4 La somme $6a + 30$ est égale à :

a. $3(a + 10)$. ☐
b. $3(2a + 10)$. ☐
c. $6(a + 5)$. ☐

Leçon 3 page 25

5 Ce sont tous des diviseurs de 12 :

a. 2 – 3 – 6 – 12. ☐
b. 0 – 3 – 6 – 9 – 12. ☐
c. 1 – 2 – 3 – 4 – 6 – 12. ☐

6 Ce sont trois nombres premiers :

a. 3 – 5 – 8. ☐
b. 7 – 17 – 27. ☐
c. 3 – 13 – 23. ☐

Leçon 4 page 31

7 Le nombre qui, multiplié par 4 donne 6, est la fraction :

a. $\frac{4}{6}$. ☐ b. $\frac{6}{4}$. ☐ c. $\frac{3}{2}$. ☐

8 Une fraction égale à $\frac{18}{27}$ est :

a. $\frac{36}{54}$. ☐ b. $\frac{6}{9}$. ☐ c. $\frac{2}{3}$. ☐

9 Si on compare $\frac{2}{3}$ et $\frac{4}{6}$, on écrit :

a. $\frac{2}{3} = \frac{4}{6}$. ☐
b. $\frac{2}{3} < \frac{4}{6}$. ☐
c. $\frac{2}{3} > \frac{4}{6}$. ☐

Leçon 5 page 37

10 La somme $\frac{5}{3} + \frac{4}{6}$ est égale à :

a. $\frac{9}{9}$. ☐ b. $\frac{7}{3}$. ☐ c. $\frac{14}{6}$. ☐

11 La différence $\frac{8}{12} - \frac{4}{6}$ est égale à :

a. $\frac{4}{6}$. ☐ b. 0. ☐ c. $\frac{16}{12}$. ☐

Leçon 6 page 43

12

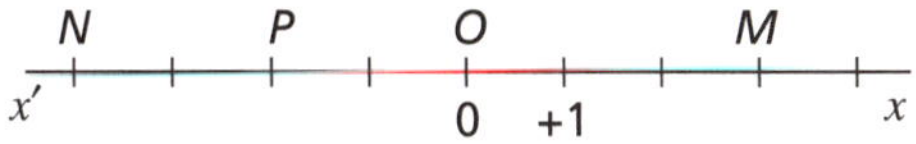

Sur cette droite graduée, les abscisses respectives de *M*, *N* et *P* sont :

a. –4 ; –2 ; +3. ☐
b. +3 ; –4 ; –2. ☐
c. +3 ; –2 ; –4. ☐

13 Ranger par ordre décroissant les nombres –4,2 ; 0 ; –2,9 et +3,7 c'est écrire :

a. –4,2 < –2,9 < 0 < +3,7. ☐
b. –4,2 > +3,7 > –2,9 > 0. ☐
c. +3,7 > 0 > –2,9 > –4,2. ☐

Leçon 7 page 49

14 Soient *M*(–2 ; +5) et *N*(–5 ; +2) deux points d'un plan muni d'un repère.
***P* a la même abscisse que *N* et la même ordonnée que *M* ; on a :**

a. *P* (–5 ; +5). ☐
b. *P* (–5 ; +2). ☐
c. *P* (+5 ; –5). ☐

15 *A*(–5 ; –5) ; *B*(+5 ; +5) et *C*(+5 ; –5) sont trois points d'un plan muni d'un repère.
Deux de ces points ont la même abscisse ; ce sont :

a. *A* et *B*. ☐
b. *B* et *C*. ☐
c. *A* et *C*. ☐

Deux de ces points ont la même ordonnée ; ce sont :

d. *A* et *B*. ☐
e. *B* et *C*. ☐
f. *A* et *C*. ☐

Leçon 8 page 55

16 La somme (–2,5) + (–5,2) est égale à :

a. –7,7. ☐
b. –3,3. ☐
c. –2,7. ☐

17 La somme (–3,8) + (+3,8) est égale à :

a. 0. ☐
b. –7,6. ☐
c. +7,6. ☐

Leçon 9 page 61

18 La différence (–4,5) – (–3,5) est égale à :

a. –8. ☐
b. –1. ☐
c. +1. ☐

19 La différence (+3,5) – (–3,5) est égale à :

a. +7. ☐
b. 0. ☐
c. –7. ☐

Leçon 10 page 67

20 Soit *S* = –12 + 11 – 13 + 14. On a :

a. *S* = 50. ☐
b. *S* = 0. ☐
c. *S* = –25. ☐

21 Le nombre –3,1 + 2,3 – 5,1 – 2,3 est égal à :

a. +12,2. ☐
b. +8,2. ☐
c. –8,2. ☐

Corrigés

1. b – **2.** c – **3.** a – **4.** b et c – **5.** a et c – **6.** c – **7.** b et c – **8.** a, b et c – **9.** a – **10.** b et c – **11.** b – **12.** b – **13.** c – **14.** a – **15.** b et f – **16.** a – **17.** a – **18.** b – **19.** a – **20.** b – **21.** c.

Séquences de calcul : priorités opératoires

Je retiens le cours

1 Suppression du signe × de la multiplication

▸ Le signe opératoire × peut être sous-entendu dans certains cas.
Ainsi, les lettres a, b et c désignant des nombres :
$4a$ veut dire $4 \times a$; ab veut dire $a \times b$; abc veut dire $a \times b \times c$;
$2(a + b)$ veut dire $2 \times (a + b)$; $(a + 2)(b - 3)$ veut dire $(a + 2) \times (b - 3)$.

▸ Dans cette leçon, cette convention s'applique à des nombres décimaux positifs, mais elle restera valable pour tous les nombres étudiés ultérieurement.

2 Séquences de calcul avec parenthèses

Dans une séquence de calcul comportant des parenthèses, il faut commencer par calculer le contenu des parenthèses.

Ex. : **$7(52 + 3) = 7 \times 55 = 385$; $(50 - 5)(40 + 4) = 45 \times 44 = 1\,980$.**
$8 : (2 + 3) = 8 : 5 = 1,6$; $(20 + 4) : (30 - 10) = 24 : 20 = 1,2$.

3 Séquences de calcul sans parenthèses

En l'absence de parenthèses, la multiplication et la division doivent être calculées avant l'addition et la soustraction.

Ex. : **$7 + 5 \times 3 = 7 + 15 = 22$; $40 - 12 : 3 = 40 - 4 = 36$;**
$10 \times 8 + 15 : 5 = 80 + 3 = 83$.

En l'absence de parenthèses, s'il y a des puissances* [carrés (a^2), cubes (a^3)...] celles-ci doivent être calculées en premier.

Ex. : **$5 \times 3^2 = 5 \times (3 \times 3) = 5 \times 9 = 45$; $2 + 5^3 = 2 + (5 \times 5 \times 5) = 2 + 125 = 127$.**

Notes

Exercice 3

La figure ci-contre est constituée de deux demi-disques de rayon R accolés à un carré de côté $2R$.
Le périmètre p d'un disque de rayon R est tel que $p = 2\pi R$.
L'aire A d'un disque de rayon R est telle que $A = \pi R^2$.

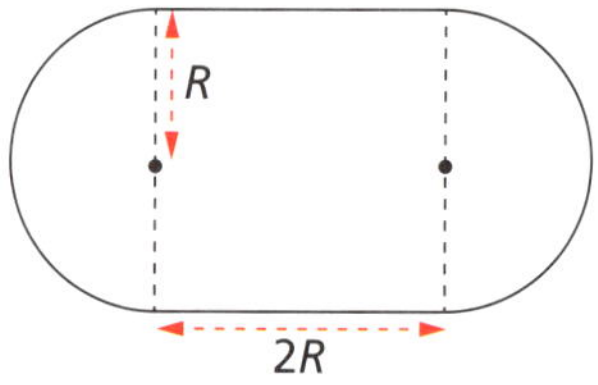

a. Complète la formule donnant le périmètre P de cette figure.

$P = 2\pi R +$ ....

Calcule le périmètre P en prenant 3,14 pour π dans le cas où $R = 1,5$ cm.

....

b. Complète la formule donnant l'aire B de cette figure.

$B = \pi R^2 +$ ....

Calcule l'aire B en prenant 3,14 pour π dans le cas où $R = 1,5$ cm.

....

Exercice 4

Aux quatre coins d'une plaque carrée de côté c, on enlève quatre quarts de disque de même rayon R, comme l'indique la figure ci-contre.

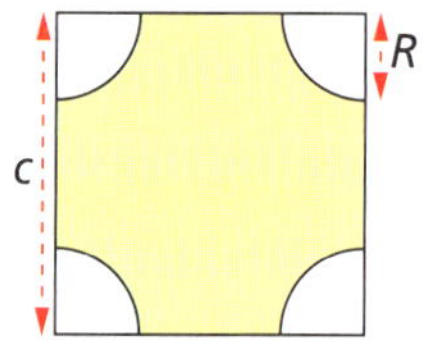

a. Coche la formule donnant l'aire A de la partie restante.

$A = \pi R^2 - c^2$ ☐ $A = c^2 - \pi R^2$ ☐ $A = c^2 - 4\pi R$ ☐

b. Écris la formule donnant A en rétablissant les signes de multiplication sous-entendus.

$A =$ ....

c. Calcule l'aire A en prenant 3,14 pour π dans le cas où $c = 3,6$ cm et $R = 1,2$ cm, puis vérifie avec ta calculatrice.

....

Brouillon

Exercice 5

On a empilé huit cubes d'arête a comme l'indique la figure ci-dessous. On obtient un grand cube d'arête $2a$.

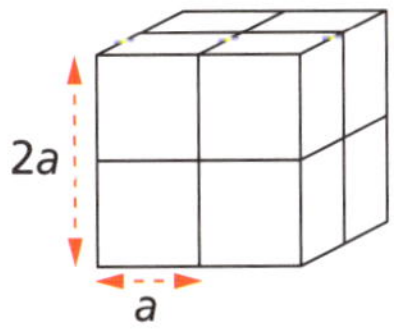

Le volume V d'un cube d'arête c est égal à $c \times c \times c$ que l'on note c^3.
(On lit « c exposant 3 » ou « c au cube ».)

a. Coche ce qui permet de calculer l'aire A de la face avant du grand cube.

$A = (2a)^2$ ☐ $A = 2a^2$ ☐ $A = 4a^2$ ☐

Calcule A avec $a = 12$ mm.

....

Calcule l'aire totale du patron de ce cube.

....

b. Coche ce qui permet de calculer le volume V du grand cube.

$V = 2a^3$ ☐ $V = (2a)^3$ ☐ $V = 8a^3$ ☐

Calcule V avec $a = 12$ mm.

....

Exercice 6

Un panier de fruits contient quatre kilogrammes de pommes, trois kilogrammes d'oranges et deux kilogrammes de raisins. On appelle p le prix d'un kilogramme de pommes, o le prix d'un kilogramme d'oranges et r le prix d'un kilogramme de raisins.

a. Indique la formule permettant de calculer le prix P d'un panier de fruits.

$P =$ ....

b. Calcule le prix d'un tel panier sachant que les prix affichés pour un kilogramme de pommes, d'oranges ou de raisins sont respectivement 1,20 €, 1,50 € et 2,10 €.

....

Brouillon

Corrigés des exercices

Exercice 1

a. $\boldsymbol{p = 2 \times L + 4 \times \ell}$.
b. Triangle ABF : $\boldsymbol{p}$ **= 3,6 cm** car $3 \times 1{,}2 = 3{,}6$.
Rectangle $BCEF$: $\boldsymbol{p}$ **= 5,6 cm** car $2 \times 1{,}6 + 2 \times 1{,}2 = 5{,}6$.
Hexagone $ABCDEF$: $\boldsymbol{p}$ **= 8 cm** car $2 \times 1{,}6 + 4 \times 1{,}2 = 8$.

Exercice 2

a. $\boldsymbol{T = 2b^2 + 4ab}$ (2 carrés et 4 rectangles).
b. $\boldsymbol{T = 2 \times b^2 + 4 \times a \times b}$ (soit aussi : $T = 2 \times b \times b + 4 \times a \times b$).
$\boldsymbol{T}$ **= 594 mm²** car $2 \times 9^2 + 4 \times 12 \times 9 = 2 \times 9 \times 9 + 4 \times 12 \times 9 = 162 + 432 = 594$.

Exercice 3

a. $\boldsymbol{P = 2\pi R + 4R}$.
$\boldsymbol{P}$ **= 15,42 cm** car $2 \times 3{,}14 \times 1{,}5 + 4 \times 1{,}5 = 15{,}42$.
b. $\boldsymbol{B = \pi R^2 + (2R)^2}$ ou $\boldsymbol{B = \pi R^2 + (2R) \times (2R)}$ ou $\boldsymbol{B = \pi R^2 + 4R^2}$.
$\boldsymbol{B}$ **= 16,065 cm²** car $3{,}14 \times 1{,}5^2 + (2 \times 1{,}5)^2 = 3{,}14 \times 1{,}5 \times 1{,}5 + 3 \times 3 = 7{,}065 \times 9 = 16{,}065$.

Exercice 4

a. $\boldsymbol{A = c^2 - \pi R^2}$ car les quatre quarts de disque constituent un disque de rayon R.
b. $\boldsymbol{A = c^2 - \pi \times R^2}$ (soit aussi : $A = c \times c - \pi \times R \times R$).
c. $\boldsymbol{A}$ **= 8,4384 cm²** car $3{,}6^2 - 3{,}14 \times 1{,}2^2 = 3{,}6 \times 3{,}6 - 3{,}14 \times 1{,}2 \times 1{,}2 = 8{,}4384$.

Exercice 5

a. $\boldsymbol{A = (2a)^2}$ et $\boldsymbol{A = 4a^2}$ car $2 \times a \times 2 \times a = 2 \times 2 \times a \times a = 4 \times a^2$.
$\boldsymbol{A}$ **= 576 mm²** car $4 \times 12^2 = 4 \times 12 \times 12 = 576$.
Aire totale du patron : 3456 mm² car le patron est constitué de 6 faces et $576 \times 6 = 3456$.
b. $\boldsymbol{V = (2a)^3}$ et $\boldsymbol{V = 8a^3}$ car $2 \times a \times 2 \times a \times 2 \times a = 2 \times 2 \times 2 \times a \times a \times a = 8 \times a^3$.
Volume du grand cube : 13824 mm³ car $(2 \times 12)^3 = 24 \times 24 \times 24 = 13824$.

Exercice 6

a. $\boldsymbol{P = 4p + 3o + 2r}$.
b. $\boldsymbol{P}$ **= 13,50 €** car $4 \times 1{,}2 + 3 \times 1{,}5 + 2 \times 2{,}1 = 13{,}5$.

Séquences de calcul : distributivité

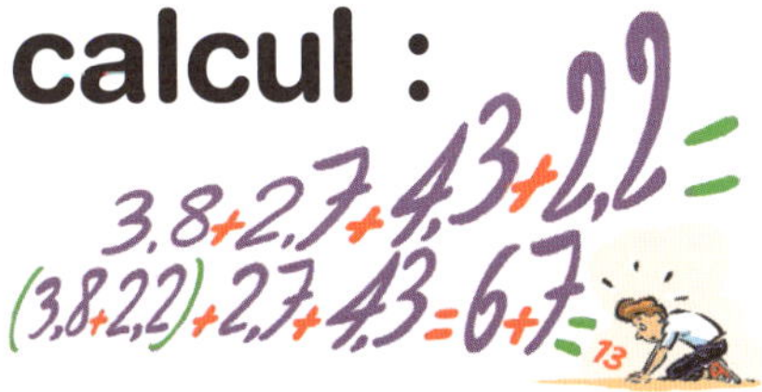

Je retiens le cours

1 Modifier l'ordre des termes d'une somme et effectuer des regroupements

Dans une somme de plusieurs termes, on peut changer l'ordre des termes et effectuer des regroupements sans que cela modifie le résultat final.

Ex. : **3,8 + 2,7 + 4,3 + 2,2 = (3,8 + 2,2) + (2,7 + 4,3) = 6 + 7 = 13.**

2 Modifier l'ordre des facteurs d'un produit et effectuer des regroupements

Dans un produit de plusieurs facteurs, on peut changer l'ordre des facteurs et effectuer des regroupements sans que cela modifie le résultat final.

Ex. : **25 × 8,2 × 4 = 8,2 × (25 × 4) = 8,2 × 100 = 820.**

3 Distributivité de la multiplication par rapport à l'addition ou la soustraction

▸ **La multiplication est distributive par rapport à l'addition.**
Cette phrase signifie que, si a, b et c désignent des nombres, on a : $a \times (b + c) = (a \times b) + (a \times c)$.
Avec les conventions rappelées à la leçon 1, on a :
$\boldsymbol{a(b + c) = ab + ac}$.

▸ **La multiplication est distributive par rapport à la soustraction.**
Cette phrase signifie que, si a, b et c désignent des nombres (avec $b \geqslant c$), on a : $a \times (b - c) = (a \times b) - (a \times c)$.
Avec les conventions rappelées à la leçon 1, on a :
$\boldsymbol{a(b - c) = ab - ac}$.

▸ Ces propriétés s'appliquent ici à des décimaux positifs. Elles restent vraies pour tous les nombres étudiés ultérieurement. La condition « (avec $b \geqslant c$) » n'est plus nécessaire avec des nombres relatifs (voir leçon 9).

Notes

On peut utiliser les égalités précédentes dans les deux sens.

On développe →

Produit d'un nombre :				
– par une somme	$a(b + c)$	=	$ab + ac$	Somme de deux produits
– par une différence	$a(b - c)$	=	$ab - ac$	Différence de deux produits

← **On factorise**

Je comprends comment faire

▸ Utiliser la distributivité

Un paysagiste a acheté un lot de 150 cyprès et a obtenu une remise de 5 € sur chaque cyprès. On appelle p le prix initial d'un cyprès.

1° Coche ce qui permet de calculer le montant de la facture.

$150(p - 5)$ ☐ $150p - 5p$ ☐ $150p - 750$ ☐

2° Calcule la facture avec $p = 22{,}5$ €.

1° Il y a deux façons de calculer le montant de la facture car **$150(p - 5)$** $= 150p - 150 \times 5 =$ **$150p - 750$**.

2° **La facture s'élève à 2625 €** car $150(22{,}5 - 5) = 150 \times 17{,}5 = 2625$.

▸ Prouver en utilisant la distributivité

Le nombre 324 est un multiple de 9 car on a $3 + 2 + 4 = 9$ (la somme des chiffres est un multiple* de 9).
Le nombre 39267 est un multiple de 9 car $3 + 9 + 2 + 6 + 7 = 27$ (27 est un multiple de 9).

1° Sans effectuer l'addition, on peut affirmer que $324 + 39267$ est un multiple de 9. Justifie cette affirmation.
2° Sans effectuer la soustraction, on peut affirmer que $39267 - 324$ est un multiple de 9. Justifie cette affirmation.

1° Dire que 324 est un multiple de 9, c'est dire qu'il existe un entier k tel que $324 = 9 \times k$. Dire que 39267 est un multiple de 9, c'est dire qu'il existe un entier k' tel que $39267 = 9 \times k'$.
$324 + 39267 = 9k + 9k' = 9(k + k')$ après factorisation.
$k + k'$ est un entier, par suite **324 + 39267 est un multiple de 9**.

2° On sait que $324 = 9k$ et $39267 = 9k'$ avec $k' > k$.
$39267 - 324 = 9k' - 9k = 9(k' - k)$ après factorisation.
$k' - k$ est un entier, par suite **39267 – 324 est un multiple de 9**.

Notes

Corrigés p. 24

Je m'entraîne

Brouillon

Exercice 1

Pour calculer mentalement une somme de plusieurs termes, il est parfois utile de modifier l'ordre des termes et de faire des regroupements.

a. **Calcule mentalement les sommes suivantes.**

$A = 7{,}9 + 2{,}1 =$ .... ; $B = 7{,}9 + 12{,}5 + 2{,}1 =$ .... ;

$C = 7{,}9 + 12{,}5 + 2{,}1 + 2{,}5 =$ ....

b. Avec la calculatrice, il n'est pas nécessaire de modifier l'ordre des termes et de faire des regroupements.

Vérifie avec ta calculatrice les résultats de la question a.

Exercice 2

Pour calculer mentalement un produit de plusieurs facteurs, il est parfois utile de modifier l'ordre des facteurs et de faire des regroupements.

a. **Calcule mentalement les produits suivants.**

$D = 2{,}5 \times 4 =$ .... ; $E = 2{,}5 \times 3{,}9 \times 4 =$ .... ;

$F = 2{,}5 \times 3{,}9 \times 4 \times 2 =$ ....

b. Avec la calculatrice, il n'est pas nécessaire de modifier l'ordre des facteurs et de faire des regroupements.

Vérifie avec ta calculatrice les résultats de la question a.

Exercice 3

Soit $G = 7{,}3 \times 2{,}5 + 7{,}3 \times 7{,}5$.

a. **Calcule G directement en respectant les priorités opératoires.**

$G =$ ....

b. **Factorise G, puis calcule G avec l'expression obtenue.**

$G =$ ....

Exercice 4

Soit $H = 4{,}5(200 - 20)$.

a. Calcule *H* directement en respectant les priorités opératoires.

$H =$ ....

b. Développe *H*, puis calcule *H* avec l'expression obtenue.

$H =$ ....

Exercice 5

On réunit deux terrains rectangulaires contigus ayant même largeur.

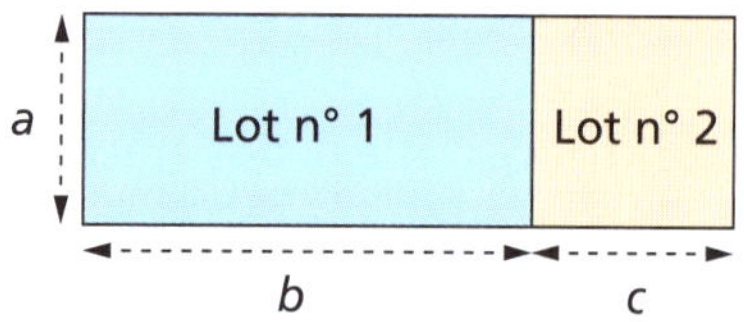

a. Que représente la somme $b + c$? Que représente le produit $a(b + c)$? Que représente la somme $ab + ac$?

....

b. Calcule l'aire totale avec $a = 32$ m, $b = 66$ m et $c = 34$ m.

....

Exercice 6

On a acheté 12 assiettes et 12 verres. On appelle *a* le prix en euros d'une assiette et *v* le prix en euros d'un verre.

a. Sachant que $a = 5{,}40$ € et $v = 1{,}20$ €, calcule $12a$, $12v$, puis $12a + 12v$.

Que représente chacun des résultats obtenus ?

....

....

b. Calcule $a + v$, puis $12(a + v)$.

Que représente chacun des résultats obtenus ?

....

....

Brouillon

Brouillon

Exercice 7

En effectuant la division euclidienne* de 581 par 7, on trouve 83 (reste 0) ; par suite on a : $581 = 7 \times 83$ et on en déduit que 581 est un multiple de 7.

a. **Prouve de même que 315 est un multiple de 7.**

....

b. **Sans calculer 581 + 315, montre que cette somme est un multiple de 7.**

....

c. **Sans calculer 581 – 315, montre que cette différence est un multiple de 7.**

....

Exercice 8

a. En remarquant que $21 = 20 + 1$, on peut écrire le produit 14×21 sous la forme $14(20 + 1)$, puis sous la forme $14 \times 20 + 14 \times 1$.
On peut alors calculer mentalement ces deux produits et on a :
$14 \times 21 = 14(20 + 1) = 14 \times 20 + 14 \times 1 = 280 + 14 = 294$.

Calcule mentalement de même.

$13 \times 21 =$ ....

$24 \times 21 =$ ....

$15 \times 31 =$ ....

b. En remarquant que $19 = 20 - 1$, on peut écrire le produit 14×19 sous la forme $14(20 - 1)$, puis sous la forme $14 \times 20 - 14 \times 1$.
On peut alors calculer mentalement ces deux produits et on a :
$14 \times 19 = 14(20 - 1) = 14 \times 20 - 14 \times 1 = 280 - 14 = 266$.

Calcule mentalement de même.

$13 \times 19 =$ ....

$24 \times 19 =$ ....

$15 \times 29 =$ ....

Corrigés des exercices

Exercice 1

a. $A = 7{,}9 + 2{,}1 = \mathbf{10}$; $B = (7{,}9 + 2{,}1) + 12{,}5 = 10 + 12{,}5 = \mathbf{22{,}5}$;
$C = (7{,}9 + 2{,}1 + 12{,}5) + 2{,}5 = 22{,}5 + 2{,}5 = \mathbf{25}$.
Ou : $C = (7{,}9 + 2{,}1) + (12{,}5 + 2{,}5) = 10 + 15 = \mathbf{25}$.
b. La calculatrice affiche pour *A*, *B* et *C* respectivement : **10** ; **22,5** et **25**.

Exercice 2

a. $D = 2{,}5 \times 4 = \mathbf{10}$; $E = (2{,}5 \times 4) \times 3{,}9 = 10 \times 3{,}9 = \mathbf{39}$;
$F = (2{,}5 \times 4 \times 3{,}9) \times 2 = 39 \times 2 = \mathbf{78}$.
b. La calculatrice affiche pour *D*, *E* et *F* respectivement : **10** ; **39** et **78**.

Exercice 3

a. $G = 18{,}25 + 54{,}75 = \mathbf{73}$. b. Après factorisation : $G = 7{,}3(2{,}5 + 7{,}5) = 7{,}3 \times 10 = \mathbf{73}$.

Exercice 4

a. $200 - 20 = 180$; $H = 4{,}5 \times 180 = \mathbf{810}$.
b. Après développement : $H = 4{,}5 \times 200 - 4{,}5 \times 20 = 900 - 90 = \mathbf{810}$.

Exercice 5

a. $b + c$ représente **la longueur du terrain après réunion des deux parcelles.**
$a(b + c)$ et $ab + ac$ représentent **l'aire du terrain après réunion des deux parcelles**.
b. **Aire totale : 3 200 m²** car $32(66 + 34) = 32 \times 100 = 3\,200$.
Autre calcul : $32 \times 66 + 32 \times 34 = 2\,112 + 1\,088 = 3\,200$.

Exercice 6

a. $12a = 12 \times 5{,}4 = 64{,}8$; soit **64,80 € pour 12 assiettes.**
$12v = 12 \times 1{,}2 = 14{,}4$; soit **14,40 € pour 12 verres.**
$12a + 12v = 64{,}8 + 14{,}4 = 79{,}2$; soit **79,20 € pour 12 assiettes et 12 verres.**
b. $a + v = 5{,}4 + 1{,}2 = 6{,}6$; soit **6,60 € pour une assiette et un verre.**
$12(a + v) = 12 \times 6{,}6 = 79{,}2$; soit **79,20 € pour 12 assiettes et 12 verres.**

Exercice 7

a. $315 : 7 = 45$; **315 est un multiple de 7** car $315 = 7 \times 45$.
b. $581 + 315 = 7 \times 83 + 7 \times 45 = 7(83 + 45)$; on en déduit que **la somme 581 + 315 est un multiple de 7** sans qu'il soit nécessaire d'effectuer 83 + 45 (on trouverait 128).
c. $581 - 315 = 7 \times 83 - 7 \times 45 = 7(83 - 45)$; on en déduit que **la différence 581 – 315 est un multiple de 7** sans qu'il soit nécessaire d'effectuer 83 – 45 (on trouverait 38).

Exercice 8

a. $13 \times 21 = 13(20 + 1) = 13 \times 20 + 13 \times 1 = 260 + 13 = \mathbf{273}$;
de même $24 \times 21 = 480 + 24 = \mathbf{504}$; $15 \times 31 = 450 + 15 = \mathbf{465}$.
b. $13 \times 19 = 13(20 - 1) = 13 \times 20 - 13 \times 1 = 260 - 13 = \mathbf{247}$;
de même $24 \times 19 = 480 - 24 = \mathbf{456}$; $15 \times 29 = 450 - 15 = \mathbf{435}$.

Divisibilité – Nombres premiers

Je retiens le cours

Notes

1 Diviseurs et multiples

▶ Dans une **division euclidienne**, le dividende, le diviseur, le quotient et le reste sont des entiers naturels. Lorsque le reste est nul, le nombre qui figure au dividende est un multiple du nombre figurant au diviseur.

Ex. : La division euclidienne de 24 par 3 a pour quotient 8 et pour reste 0.
On a : $24 = 3 \times 8 + 0$

dividende →	2 4	3	← diviseur
reste →	0	8	← quotient

On dit que :
24 **est un multiple** de 3 ;
24 **est divisible par** 3 ;
3 **est un diviseur de** 24.

▶ Les **critères de divisibilité** sont des règles permettant de savoir si un nombre est divisible ou non par un autre nombre.

Exemples :

- si le chiffre des unités est 0, alors **ce nombre est divisible par 10** ;
- si le chiffre des unités est 0 ou 5, alors **ce nombre est divisible par 5** ;
- si le chiffre des unités est 0, 2, 4, 6, 8, alors **ce nombre est divisible par 2** ;
- si la somme des chiffres composant ce nombre est divisible par 3, alors **ce nombre est divisible par 3** ;
- si la somme des chiffres composant ce nombre est divisible par 9, alors **ce nombre est divisible par 9**.

2 Nombres premiers

▶ Un nombre entier non nul, autre que 1, qui n'est divisible que par 1 et par lui-même est un **nombre premier**.

Ex. : **2 est premier car il n'est divisible que par 1 et par 2 ;**
3 est premier car il n'est divisible que par 1 et par 3 ;
4 n'est pas premier car il est divisible par 1, par 2 et par 4 ;
5 est premier car il n'est divisible que par 1 et par 5...

2 – 3 – 5 – 7 – 11 – 13 – 17 – 19 – 23 – 29 est le début de la liste des nombres premiers qu'il convient de mémoriser.

▸ Tout nombre non premier peut s'écrire **de façon unique** (à l'ordre des facteurs près) comme produit de facteurs premiers.

Ex. : $4 = 2 \times 2 = 2^2$; $6 = 2 \times 3$; $8 = 2 \times 2 \times 2 = 2^3$; $9 = 3 \times 3 = 3^2$;
$10 = 2 \times 5$; $12 = 2 \times 2 \times 3 = 2^2 \times 3$; $14 = 2 \times 7$; $15 = 3 \times 5$;
$16 = 2 \times 2 \times 2 \times 2 = 2^4$; $18 = 2 \times 3 \times 3 = 2 \times 3^2$; $20 = 2 \times 2 \times 5 = 2^2 \times 5$;
$21 = 3 \times 7$; $22 = 2 \times 11$; $24 = 2 \times 2 \times 2 \times 3 = 2^3 \times 3$; $25 = 5 \times 5 = 5^2$ ....

Notes

Je comprends comment faire

▸ Utiliser les critères de divisibilité

Pour chacun des nombres 180, 203, 435, 162 et 702, indique s'il est divisible par 2, par 3, par 5 ou par 9.

Pour la divisibilité par 2 ou par 5, regarde le chiffre des unités.

Pour la divisibilité par 3 ou par 9, regarde la somme des chiffres qui composent ce nombre.

On peut présenter les résultats en tableau.

	180	203	435	162	909
Divisible par 2	**oui**	**non**	**non**	**oui**	**non**
Divisible par 3	**oui**	**non**	**oui**	**oui**	**oui**
Divisible par 5	**oui**	**non**	**oui**	**non**	**non**
Divisible par 9	**oui**	**non**	**non**	**oui**	**oui**

▸ Écrire un nombre sous forme d'un produit de facteurs premiers

1° On sait que $10 = 2 \times 5$ (produit de facteurs premiers).

Déduis-en la décomposition en produit de facteurs premiers de 20, de 30, de 40 et de 50.

2° On sait que $30 = 2 \times 3 \times 5$ (produit de facteurs premiers).

Déduis-en la décomposition en produit de facteurs premiers de 60, de 90, de 120 et de 150.

1° $20 = 2 \times 10 = 2 \times (2 \times 5) = \mathbf{2^2 \times 5}$; $30 = 3 \times 10 = 3 \times (2 \times 5) = \mathbf{2 \times 3 \times 5}$;
$40 = 4 \times 10 = 2 \times 2 \times (2 \times 5) = \mathbf{2^3 \times 5}$; $50 = 5 \times 10 = 5 \times (2 \times 5) = \mathbf{2} \times 5^2$.

2° $60 = 2 \times 30 = 2 \times (2 \times 3 \times 5) = \mathbf{2^2 \times 3 \times 5}$.

$90 = 3 \times 30 = 3 \times (2 \times 3 \times 5) = \mathbf{2 \times 3^2 \times 5}$.

$120 = 4 \times 30 = 2 \times 2 \times (2 \times 3 \times 5) = \mathbf{2^3 \times 3 \times 5}$.

$150 = 5 \times 30 = 5 \times (2 \times 3 \times 5) = \mathbf{2 \times 3 \times 5^2}$.

Corrigés p. 30

Je m'entraîne

Brouillon

Exercice 1

a. Parmi les nombres ci-dessous certains figurent dans la table de multiplication de 7 ; ce sont donc des multiples de 7.
7 ; 14 ; 17 ; 21 ; 27 ; 35 ; 45 ; 47 ; 56 ; 62 ; 63 ; 70.
Lesquels de ces nombres sont des multiples de 7 ?

....

b. Parmi les nombres 77 ; 91 ; 107 ; 112 et 117 certains sont des multiples de 7. **Lesquels et pourquoi ?**

....

....

Exercice 2

a. Parmi les nombres suivants 6 ; 8 ; 12 ; 15 ; 25 ; 30 ; 35, certains sont des diviseurs de 60. **Lesquels et pourquoi ?**

....

....

b. **Écris par ordre croissant la liste de tous les diviseurs de 60.**

....

Exercice 3

a. **Écris la liste des dix premiers multiples non nuls de 6.**

....

b. **Écris la liste des dix premiers multiples non nuls de 8.**

....

c. **Écris deux entiers non nuls multiples à la fois de 6 et de 8.**

....

Brouillon

Exercice 4

Dans la liste des nombres premiers inférieurs à 30, le dernier nombre est 29.

a. **Quel est le nombre premier qui précède 29 dans la liste des nombres premiers ?**

....

b. **Quel est le nombre premier qui suit 29 dans la liste des nombres premiers ?**

....

Exercice 5

On sait que $100 = 2^2 \times 5^2$ car $100 = 10 \times 10 = 2 \times 5 \times 2 \times 5$.

a. **Déduis-en la décomposition en produit de facteurs premiers de 200, de 300, de 400 et de 500.**

200 = ... car ....

300 = ...

400 = ...

500 = ...

b. On a : $1\,000 = 100 \times 10 = 10 \times 10 \times 10$.

Déduis-en la décomposition en produit de facteurs premiers de 1 000 ?

....

c. **Quelle est la décomposition en produit de facteurs premiers de 2 000, de 3 000, de 4 000 et de 5 000 ?**

....

....

....

Brouillon

Exercice 6

Soit $a = 2^3 \times 5 \times 7 \times 11$, $b = 2^2 \times 5 \times 7$ et $c = 2^3 \times 11$.

a. Explique pourquoi *b* et *c* sont des diviseurs de *a*.

....

....

b. Donne quatre autres entiers qui sont des diviseurs de *a*.

....

....

Exercice 7

a. Écris la décomposition en produit de facteurs premiers de 12, puis la liste des diviseurs de 12.

....

....

b. Écris la décomposition en produit de facteurs premiers de 24, puis la liste des diviseurs de 24.

....

....

c. Écris la décomposition en produit de facteurs premiers de 36, puis la liste des diviseurs de 36.

....

....

Corrigés des exercices

Exercice 1

a. **7 ; 14 ; 21 ; 35 ; 56 et 63 et 70** sont des multiples de 7.
b. Le reste de la division euclidienne doit être nul.
$77 = 7 \times 11 + 0$; $91 = 7 \times 13 + 0$; $107 = 7 \times 15 + 2$; $112 = 7 \times 16 + 0$; $117 = 7 \times 16 + 5$.
77 ; 91 et 112 sont des multiples de 7.

Exercice 2

a. **6 ; 12 ; 15 et 30 sont des diviseurs de 60** car :
$60 = 6 \times 10 + 0$; $60 = 12 \times 5 + 0$; $60 = 15 \times 4 + 0$; $60 = 30 \times 2 + 0$;
b. On a : $60 = 1 \times 60 = 2 \times 30 = 3 \times 20 = 4 \times 15 = 5 \times 12 = 6 \times 10$;
60 n'est divisible ni par 7, ni par 8, ni par 9.
D(60) = {**1 ; 2 ; 3 ; 4 ; 5 ; 6 ; 10 ; 12 ; 15 ; 20 ; 30 ; 60**}.

Exercice 3

a. M(6) = {**6 ; 12 ; 18 ; 24** ; 30 ; 36 ; 42 ; 48 ; 54 ; 60}.
b. M(8) = {**8 ; 16 ; 24** ; 32 ; 40 ; 48 ; 56 ; 64 ; 72 ; 80}.
c. **24 et 48 sont deux multiples communs à 6 et à 8.**

Exercice 4

a. **Le nombre premier qui précède 29 est 23.**
b. **Le nombre premier qui suit 29 dans la liste est 31** car 31 n'est divisible par aucun des nombres premiers qui précèdent 31.

Exercice 5

a. $\mathbf{200 = 2^3} \times 5^2$ car $200 = 2 \times 100 = 2 \times (2 \times 5 \times 2 \times 5)$.
$\mathbf{300 = 2^2} \times \mathbf{3} \times 5^2$ car $300 = 3 \times 100 = 3 \times (2 \times 5 \times 2 \times 5)$.
$\mathbf{400 = 2^4} \times 5^2$ car $400 = 4 \times 100 = 2 \times 2 \times (2 \times 5 \times 2 \times 5)$.
$\mathbf{500 = 2^2} \times \mathbf{5^3}$ car $500 = 5 \times 100 = 5 \times (2 \times 5 \times 2 \times 5)$.
b. $\mathbf{1\,000 = 2^3} \times \mathbf{5^3}$ car $(2 \times 5) \times (2 \times 5) \times (2 \times 5) = (2 \times 2 \times 2) \times (5 \times 5 \times 5)$.
c. $2\,000 = 2 \times 1\,000 = \mathbf{2^4} \times \mathbf{5^3}$; $\mathbf{3\,000} = 3 \times 1\,000 = \mathbf{2^3} \times \mathbf{3} \times \mathbf{5^3}$;
$\mathbf{4\,000} = 4 \times 1\,000 = \mathbf{2^5} \times \mathbf{5^3}$; $\mathbf{5\,000} = 5 \times 1\,000 = \mathbf{2^3} \times \mathbf{5^4}$.

Exercice 6

a. $a = b \times 22$ car : $2^3 \times 5 \times 7 \times 11 = (2^2 \times 5 \times 7) \times (2 \times 11)$.
$a = c \times 35$ car : $2^3 \times 5 \times 7 \times 11 = (2^3 \times 11) \times (5 \times 7)$.
b. Chacun doit être un produit de facteurs premiers figurant dans la décomposition de a avec un exposant inférieur ou égal.
Exemples : $\mathbf{2^3} \times \mathbf{5}$ ou $\mathbf{7} \times \mathbf{11}$ ou $\mathbf{2} \times \mathbf{5} \times \mathbf{7}$ ou $\mathbf{2^2} \times \mathbf{5} \times \mathbf{11}$ ...

Exercice 7

a. $\mathbf{12 = 2^2 \times 3}$ **; D(12) = {1 ; 2 ; 3 ; 4 ; 6 ; 12}.**
b. $\mathbf{24 = 2 \times 12 = 2^3 \times 3}$ **; D(24) = {1 ; 2 ; 3 ; 4 ; 6 ; 8 ; 12 ; 24}.**
c. $\mathbf{36 = 3 \times 12 = 2^2 \times 3^2}$ **; D(36) = {1 ; 2 ; 3 ; 4 ; 6 ; 9 ; 12 ; 18 ; 36}.**

Quotients de décimaux positifs Fractions

Je retiens le cours

Notes

1 Comprendre ce qu'est un quotient

▸ Le quotient d'un nombre a par un nombre b non nul est le nombre q par lequel il faut multiplier b pour obtenir a.
Dire que $a : b = q$ c'est dire que $a = b \times q$.

▸ En **écriture fractionnaire**, le quotient q se note a/b ou $\frac{a}{b}$ (le nombre a est le **numérateur** et b le **dénominateur** du quotient en écriture fractionnaire) ; par suite, $a = b \times \frac{a}{b}$.
Lorsque a et b sont des nombres entiers ($b \neq 0$), le quotient $\frac{a}{b}$ est une **fraction**.

Ex. : Le quotient de 28 par 3 se note 28 : 3 ou 28/3 ou $\frac{28}{3}$.

2 Quotients égaux

▸ On ne change pas la valeur d'un quotient lorsqu'on multiplie (ou lorsqu'on divise) le numérateur et le dénominateur par un même nombre différent de zéro.

▸ Cela permet de remplacer tout quotient de décimaux par une fraction.

Ex. : $\frac{2,8}{0,3} = \frac{2,8 \times 10}{0,3 \times 10} = \frac{28}{3}$; $\frac{1,25}{2,4} = \frac{1,25 \times 100}{2,4 \times 100} = \frac{125}{240}$.

▸ Cela permet de simplifier l'écriture d'une fraction.

Ex. : $\frac{240}{270} = \frac{240 : 10}{270 : 10} = \frac{24}{27}$; $\frac{24}{27} = \frac{24 : 3}{27 : 3} = \frac{8}{9}$.
L'objectif est d'obtenir une fraction qui ne peut plus être simplifiée (fraction irréductible).

▸ Cela est utile lorsqu'on a besoin d'écrire des fractions ayant le même dénominateur.

Ex. : $\frac{7}{3} = \frac{7 \times 2}{3 \times 2} = \frac{7 \times 3}{3 \times 3} = \ldots$; $\frac{5}{2} = \frac{5 \times 2}{2 \times 2} = \frac{5 \times 3}{2 \times 3} = \ldots$
Remplacer la fraction $\frac{7}{3}$ par $\frac{14}{6}$ et la fraction $\frac{5}{2}$ par $\frac{15}{6}$ est utile pour comparer, ajouter, soustraire ces fractions.

Notes

3 Comparer des fractions

Des fractions de même dénominateur sont rangées dans le même ordre que leurs numérateurs.

Ex. : $\frac{7}{6} < \frac{11}{6}$ car $7 < 11$; $\frac{6}{7} > \frac{4}{7}$ car $6 > 4$.

Il en est de même pour des quotients de décimaux de même dénominateur.

Ex. : $\frac{0,7}{0,6} < \frac{1,1}{0,6}$ car $0,7 < 1,1$; $\frac{0,6}{0,7} > \frac{0,4}{0,7}$ car $0,6 > 0,4$.

Je comprends comment faire

Simplifier une fraction

1° Explique pourquoi 84, 72 et 60 sont divisibles* par 2 et par 3.
Simplifie les fractions $\frac{84}{72}$ et $\frac{72}{60}$.

2° Explique pourquoi 135 et 180 sont divisibles par 5 et par 9.
Simplifie la fraction $\frac{135}{180}$.

1° **Un nombre entier est divisible par 2 lorsque le chiffre des unités est pair. 84, 72 et 60 sont divisibles par 2** car ils ont respectivement pour chiffre des unités 4, 2 et 0.
Un nombre entier est divisible par 3 lorsque la somme des chiffres est divisible par 3. On a : 8 + 4 = 12 ; 7 + 2 = 9 et 6 + 0 = 6 ; par suite **84, 72 et 60 sont divisibles par 3.**

$$\frac{84}{72} = \frac{84:2}{72:2} = \frac{42}{36}\ ;\quad \frac{42}{36} = \frac{42:2}{36:2} = \frac{21}{18}\ ;\quad \frac{21}{18} = \frac{21:3}{18:3} = \frac{7}{6}.$$

D'où : $\mathbf{\frac{84}{72} = \frac{7}{6}}$.

$$\frac{72}{60} = \frac{72:2}{60:2} = \frac{36}{30}\ ;\quad \frac{36}{30} = \frac{36:2}{30:2} = \frac{18}{15}\ ;\quad \frac{18}{15} = \frac{18:3}{15:3} = \frac{6}{5}.$$

D'où : $\mathbf{\frac{72}{60} = \frac{6}{5}}$.

2° **Un nombre entier est divisible par 5 lorsque le chiffre des unités est 0 ou 5. Un nombre entier est divisible par 9 lorsque la somme des chiffres est divisible par 9.**

Ici, on a : 1 + 3 + 5 = 9 et 1 + 8 + 0 = 9.

$\mathbf{\frac{135}{180} = \frac{3}{4}}$ car $\frac{135:5}{180:5} = \frac{27}{36} = \frac{27:9}{36:9} = \frac{3}{4}$.

Corrigés p. 36

Je m'entraîne

Brouillon

Exercice 1

a. Complète le tableau en indiquant, pour chacun des nombres de la première ligne, s'il est divisible* par 3, par 5 ou par 9.

	315	513	435	415
Divisible par 3	oui			
Divisible par 5	oui			
Divisible par 9	oui			

b. Simplifie chacune des fractions suivantes.

$\frac{315}{513}$ = ... ; $\frac{415}{435}$ = ...

c. En utilisant ta calculatrice, vérifie si les fractions obtenues peuvent encore être simplifiées.

....

Exercice 2

a. Pour comparer des fractions, il est utile de les écrire avec le même dénominateur. On sait que $12 = 2 \times 6 = 3 \times 4$.
Écris chacune des fractions suivantes avec le dénominateur 12.

$\frac{1}{3}$ = ... ; $\frac{1}{4}$ = ... ; $\frac{3}{4}$ = ... ; $\frac{5}{6}$ = ...

b. Complète avec le signe > ou < : $\frac{1}{3}$ ...... $\frac{1}{4}$; $\frac{3}{4}$ ...... $\frac{5}{6}$.

c. Place $\frac{1}{3}$; $\frac{1}{4}$; $\frac{3}{4}$ et $\frac{5}{6}$ sur la droite graduée xy dont l'unité a été partagée en 12 segments de même longueur.

Brouillon

Exercice 3

a. On a décomposé 30 et 105 en produit de facteurs premiers : $30 = 2 \times 3 \times 5$ et $105 = 3 \times 5 \times 7$; chacun de ces nombres est un multiple de 3×5.

Justifie cette affirmation.

....

....

b. **Simplifie chacune des fractions :**

$\frac{30}{105}$ = ... ; $\frac{105}{30}$ = ...

Exercice 4

a. **Vérifie que $2^2 \times 3 \times 7$ et $2 \times 3^2 \times 7$ sont respectivement les décompositions en produit de facteurs premiers de 84 et de 126. Explique pourquoi le produit $2 \times 3 \times 7$ est un diviseur commun de 84 et de 126.**

....

....

b. **Écris le quotient $\frac{8,4}{12,6}$ sous forme de fraction, puis simplifie la fraction obtenue.**

....

....

c. **Écris le quotient $\frac{1,05}{3,5}$ sous forme de fraction, puis simplifie la fraction obtenue en utilisant des facteurs premiers.**

....

....

....

Brouillon

Exercice 5

a. **Écris $\frac{3}{2}$; $\frac{2}{3}$; $\frac{5}{4}$; $\frac{3}{4}$; $\frac{5}{6}$ et $\frac{7}{6}$ sous forme de fractions de dénominateur 12, puis range ces nombres par ordre croissant.**

$\frac{3}{2} = \frac{3 \times 6}{2 \times 6} = \frac{18}{12}$; $\frac{2}{3}$ = ... ; $\frac{5}{4}$ = ... ;

$\frac{3}{4}$ = ... ; $\frac{5}{6}$ = ... ; $\frac{7}{6}$ = ...

b. **En remarquant que $0 = \frac{0}{12}$; $1 = \frac{12}{12}$ et $2 = \frac{24}{12}$, range par ordre croissant les nombres 0 ; 1 ; 2 ; $\frac{3}{2}$; $\frac{2}{3}$; $\frac{5}{4}$; $\frac{3}{4}$; $\frac{5}{6}$; $\frac{7}{6}$.**

....

Exercice 6

Le quotient euclidien de 7 par 3 est égal à 2 car on a : $7 = 3 \times 2 + 1$.
On en déduit que le quotient de 7 par 3 est compris entre 2 et 3 ; par suite on a : $2 < \frac{7}{3} < 3$ (on a encadré $\frac{7}{3}$ entre deux entiers successifs).

a. **Effectue la division euclidienne de 16 par 3, puis écris l'encadrement entre deux entiers successifs de la fraction $\frac{16}{3}$.**

....

....

b. **Effectue la division euclidienne de 9 par 7, puis écris l'encadrement entre deux entiers successifs de la fraction $\frac{9}{7}$.**

....

....

c. **Effectue la division euclidienne de 35 par 11, puis écris l'encadrement entre deux entiers successifs de la fraction $\frac{35}{11}$.**

....

....

Corrigés des exercices

Exercice 1

a. **513 est divisible par 3 et par 9 ; 435 est divisible par 3 et par 5 ; 415 est divisible par 5.**

b. $\frac{315}{513} = \frac{315:3}{513:3} = \frac{105}{171} = \frac{105:3}{171:3} = \mathbf{\frac{35}{57}}$; $\frac{415}{435} = \frac{415:5}{435:5} = \mathbf{\frac{83}{87}}$.

c. La calculatrice confirme : **ces fractions ne peuvent plus être simplifiées**.

Exercice 2

a. $\frac{1}{3} = \frac{1\times 4}{3\times 4} = \mathbf{\frac{4}{12}}$; $\frac{1}{4} = \frac{1\times 3}{4\times 3} = \mathbf{\frac{3}{12}}$; $\frac{3}{4} = \frac{3\times 3}{4\times 3} = \mathbf{\frac{9}{12}}$; $\frac{5}{6} = \frac{5\times 2}{6\times 2} = \mathbf{\frac{10}{12}}$.

b. $\mathbf{\frac{1}{3} > \frac{1}{4}}$ car $\frac{4}{12} > \frac{3}{12}$; $\mathbf{\frac{3}{4} < \frac{5}{6}}$ car $\frac{9}{12} < \frac{10}{12}$.

c. 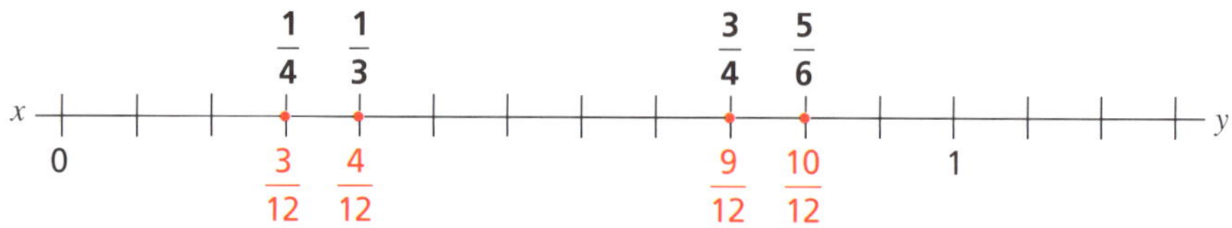

Exercice 3

a. 30 = 2 × (3 × 5) ; par suite, **30 et un multiple de 3 × 5.**
105 = (3 × 5) × 7 ; par suite **105 est un multiple de 3 × 5.**

b. $\frac{30}{105} = \frac{2\times 3\times 5}{3\times 5\times 7} = \mathbf{\frac{2}{7}}$ (simplification par 15) ; $\frac{105}{30} = \frac{(3\times 5)\times 7}{2\times(3\times 5)} = \mathbf{\frac{7}{2}}$.

Exercice 4

a. On a : $2^2 \times \mathbf{3 \times 7 = 84}$ et $\mathbf{2} \times 3^2 \times \mathbf{7 = 126}$; 84 = 2 × (2 × 3 × 7) et 126 = 3 × (2 × 3 × 7).
2 × 3 × 7 est donc un diviseur commun de 84 et de 126.

b. $\frac{8{,}4}{12{,}6} = \frac{8{,}4\times 10}{12{,}6\times 10} = \mathbf{\frac{84}{126}} = \frac{2\times(2\times 3\times 7)}{3\times(2\times 3\times 7)} = \mathbf{\frac{2}{3}}$.

c. $\mathbf{\frac{1{,}05}{3{,}5}} = \frac{1{,}05\times 100}{3{,}5\times 100} = \mathbf{\frac{105}{350}} = \frac{3\times 5\times 7}{2\times 5\times 5\times 7} = \mathbf{\frac{3}{10}}$.

Exercice 5

a. $\frac{3}{2} = \frac{3\times 6}{2\times 6} = \mathbf{\frac{18}{12}}$; $\frac{2}{3} = \frac{2\times 4}{3\times 4} = \mathbf{\frac{8}{12}}$; $\frac{5}{4} = \frac{5\times 3}{4\times 3} = \mathbf{\frac{15}{12}}$; $\frac{3}{4} = \mathbf{\frac{9}{12}}$; $\frac{5}{6} = \mathbf{\frac{10}{12}}$; $\frac{7}{6} = \mathbf{\frac{14}{12}}$.

On a : $\frac{8}{12} < \frac{9}{12} < \frac{10}{12} < \frac{14}{12} < \frac{15}{12} < \frac{18}{12}$; d'où : $\mathbf{\frac{2}{3} < \frac{3}{4} < \frac{5}{6} < \frac{7}{6} < \frac{5}{4} < \frac{3}{2}}$.

b. $\mathbf{0 < \frac{2}{3} < \frac{3}{4} < \frac{5}{6} < 1 < \frac{7}{6} < \frac{5}{4} < \frac{3}{2} < 2}$.

Exercice 6

On effectue trois divisions euclidiennes (par écrit ou mentalement).

a. **16 = 3 × 5 + 1** ; d'où : $\mathbf{5 < \frac{16}{3} < 6}$.

b. **9 = 7 × 1 + 2** ; d'où : $\mathbf{1 < \frac{9}{7} < 2}$.

c. **35 = 11 × 3 + 2** ; d'où : $\mathbf{3 < \frac{35}{11} < 4}$.

Fractions : addition et soustraction

Je retiens le cours

1 Addition des fractions

▶ **Pour pouvoir ajouter des fractions, il est indispensable qu'elles soient écrites avec le même dénominateur.**

Avec $b \neq 0$ $\quad \dfrac{a}{b} + \dfrac{c}{b} = \dfrac{a+c}{b}$ ← somme des numérateurs ← dénominateur commun

Ex. : $\dfrac{3}{7} + \dfrac{5}{7} = \dfrac{3+5}{7} = \dfrac{8}{7}$.

Si le dénominateur n'est pas le même, on doit chercher un dénominateur commun.

Ex. : $\dfrac{5}{6} + \dfrac{1}{3} = \dfrac{5}{6} + \dfrac{1 \times 2}{3 \times 2} = \dfrac{5}{6} + \dfrac{2}{6} = \dfrac{5+2}{6} = \dfrac{7}{6}$.

▶ Il en est de même pour des quotients de décimaux.

Ex. : $\dfrac{0{,}3}{0{,}7} + \dfrac{0{,}5}{0{,}7} = \dfrac{0{,}3 + 0{,}5}{0{,}7} = \dfrac{0{,}8}{0{,}7}$.

2 Soustraction des fractions

▶ Pour pouvoir soustraire des fractions, il est indispensable qu'elles soient écrites avec le même dénominateur.

Avec $b \neq 0$ et $a \geqslant c$ $\quad \dfrac{a}{b} - \dfrac{c}{b} = \dfrac{a-c}{b}$ ← différence des numérateurs ← dénominateur commun

Ex. : $\dfrac{7}{11} - \dfrac{5}{11} = \dfrac{7-5}{11} = \dfrac{2}{11}$.

Si le dénominateur n'est pas le même, on doit chercher un dénominateur commun.

Ex. : $\dfrac{5}{8} - \dfrac{1}{4} = \dfrac{5}{8} - \dfrac{1 \times 2}{4 \times 2} = \dfrac{5}{8} - \dfrac{2}{8} = \dfrac{5-2}{8} = \dfrac{3}{8}$.

▶ Il en est de même pour des quotients de décimaux.

Ex. : $\dfrac{0{,}7}{1{,}1} - \dfrac{0{,}5}{1{,}1} = \dfrac{0{,}7 - 0{,}5}{1{,}1} = \dfrac{0{,}2}{1{,}1}$.

Notes

Je comprends comment faire

Notes

Écrire des fractions avec le même dénominateur

Écris les fractions $\frac{7}{8}$ et $\frac{5}{6}$ avec le même dénominateur.

On écrit le début de la liste des multiples de 8 et le début de celle des multiples de 6 :

0 – 8 – 16 – 24 – 32 – 40 – 48 ...

0 – 6 – 12 – 18 – 24 – 30 – 36 – 42 – 48 ...

Les multiples communs sont 24 (plus petit multiple commun), 48 (produit de 8 par 6) ...

$\frac{7}{8} = \frac{7 \times 3}{8 \times 3} = \mathbf{\frac{21}{24}}$; $\frac{5}{6} = \frac{5 \times 4}{6 \times 4} = \mathbf{\frac{20}{24}}$.

Additionner des fractions

Calcule : $\frac{7}{13} + \frac{4}{13}$; $\frac{5}{9} + \frac{4}{3}$; $\frac{7}{8} + \frac{5}{6}$.

$\frac{7}{13} + \frac{4}{13} = \frac{7+4}{13} = \mathbf{\frac{11}{13}}$;

$\frac{5}{9} + \frac{4}{3} = \frac{5}{9} + \frac{4 \times 3}{3 \times 3} = \frac{5}{9} + \frac{12}{9} = \frac{12+5}{9} = \mathbf{\frac{17}{9}}$.

Le premier exercice rappelle comment obtenir un dénominateur commun.

$\frac{7}{8} + \frac{5}{6} = \frac{7 \times 3}{8 \times 3} + \frac{5 \times 4}{6 \times 4} = \frac{21}{24} + \frac{20}{24} = \frac{21+20}{24} = \mathbf{\frac{41}{24}}$.

Soustraire des fractions

Calcule : $\frac{7}{13} - \frac{4}{13}$; $\frac{4}{3} - \frac{5}{9}$; $\frac{7}{8} - \frac{5}{6}$.

$\frac{7}{13} - \frac{4}{13} = \frac{7-4}{13} = \mathbf{\frac{3}{13}}$;

$\frac{4}{3} - \frac{5}{9} = \frac{4 \times 3}{3 \times 3} - \frac{5}{9} = \frac{12}{9} - \frac{5}{9} = \frac{12-5}{9} = \mathbf{\frac{7}{9}}$.

Le premier exercice rappelle comment obtenir un dénominateur commun.

$\frac{7}{8} - \frac{5}{6} = \frac{7 \times 3}{8 \times 3} - \frac{5 \times 4}{6 \times 4} = \frac{21}{24} - \frac{20}{24} = \frac{21-20}{24} = \mathbf{\frac{1}{24}}$.

Corrigés p. 42

Je m'entraîne

Brouillon

Exercice 1

Effectue les additions et simplifie le résultat lorsque cela est possible.

$\frac{3}{16} + \frac{5}{16} =$ ....

$\frac{2}{7} + \frac{5}{21} =$ ....

$\frac{7}{15} + \frac{1}{3} =$ ....

$\frac{5}{24} + \frac{1}{12} =$ ....

Exercice 2

Effectue les soustractions et simplifie le résultat lorsque cela est possible.

$\frac{7}{9} - \frac{4}{9} =$ ....

$\frac{7}{6} - \frac{2}{3} =$ ....

$\frac{17}{18} - \frac{1}{9} =$ ....

$\frac{4}{5} - \frac{3}{15} =$ ....

Exercice 3

Simplifie chaque fraction, puis effectue les calculs.

$\frac{15}{12} + \frac{2}{8} =$ ....

$\frac{15}{12} - \frac{2}{8} =$ ....

$\frac{9}{18} + \frac{3}{12} =$ ....

$\frac{9}{18} - \frac{3}{12} =$ ....

Exercice 4

Effectue les calculs suivants :

$\frac{3}{8} + \frac{1}{2} =$ ....

$\left(\frac{3}{8} + \frac{1}{2}\right) + \frac{1}{4} =$ ....

$\left(\frac{3}{8} + \frac{1}{2}\right) - \frac{1}{4} =$ ....

$\left(\frac{3}{8} + \frac{1}{2}\right) + \left(\frac{5}{2} - \frac{1}{4}\right) =$ ....

Exercice 5

a. Calcule $a + (b - c)$ avec $a = \frac{5}{8}$; $b = \frac{5}{16}$ et $c = \frac{1}{4}$.

....

b. Calcule $a - (b - c)$ avec $a = \frac{7}{4}$; $b = \frac{5}{8}$ et $c = \frac{1}{2}$.

....

Exercice 6

a. Vérifie que 60 est un multiple de 12, un multiple de 15 et un multiple* de 20.

....

b. Écris chaque fraction avec 60 en dénominateur, puis effectue :

$\frac{1}{12} + \frac{1}{15} + \frac{1}{20} =$ ....

$\frac{1}{12} - \left(\frac{1}{15} - \frac{1}{20}\right) =$ ....

$\left(\frac{1}{12} - \frac{1}{15}\right) + \frac{1}{20} =$ ....

Brouillon

Brouillon

Exercice 7

On peut ajouter ou soustraire des quotients de décimaux car un quotient de décimaux peut toujours s'écrire sous forme de fraction.
Exemple :

$\frac{1,4}{1,5} + \frac{1,7}{1,5} = \frac{14}{15} + \frac{17}{15} = \frac{14 + 17}{15} = \frac{31}{15}$ soit $\frac{3,1}{1,5}$.

Calcule de même :

$\frac{2,3}{0,8} + \frac{1,6}{0,8} =$ .... ;

$\frac{2,5}{1,2} - \frac{1,4}{1,2} =$ ....

Exercice 8

Un nombre décimal, entier ou non, peut toujours s'écrire sous forme fractionnaire car $a = \frac{a}{1} = \frac{2a}{2} = \frac{3a}{3}$ ....

a. **Écris le nombre entier sous forme fractionnaire, puis calcule :**

$\frac{2}{3} + 1 =$ .... ; $\frac{2}{3} + 2 =$ .... ;

$1 - \frac{3}{4} =$ .... ; $2 - \frac{3}{4} =$ ....

b. **Écris le nombre décimal sous forme fractionnaire, puis calcule :**

$\frac{1}{3} + 0,2 =$ .... ;

$1,6 - \frac{1}{4} =$ ....

Exercice 9

a. Un terme a été oublié dans chacune des sommes suivantes.

Quelle est la fraction oubliée ?

$\frac{2}{3} +$ .... $= \frac{7}{3}$; $\frac{7}{11} +$ .... $= \frac{10}{11}$; $\frac{11}{15} +$ .... $= \frac{20}{15}$.

b. La lettre x désigne une fraction inconnue.

Quelle est cette fraction ?

$\frac{1}{4} + x = \frac{3}{4}$ est une équation ; la solution est $x =$ ....

$\frac{3}{7} + x = \frac{5}{7}$ est une équation ; la solution est $x =$ ....

Corrigés des exercices

Exercice 1

$\frac{3}{16} + \frac{5}{16} = \frac{8}{16} = \mathbf{\frac{1}{2}}$; $\frac{6}{21} + \frac{5}{21} = \mathbf{\frac{11}{21}}$; $\frac{7}{15} + \frac{5}{15} = \frac{12}{15} = \mathbf{\frac{4}{5}}$; $\frac{5}{24} + \frac{2}{24} = \mathbf{\frac{7}{24}}$.

Exercice 2

$\frac{7}{9} - \frac{4}{9} = \frac{3}{9} = \mathbf{\frac{1}{3}}$; $\frac{7}{6} - \frac{4}{6} = \frac{3}{6} = \mathbf{\frac{1}{2}}$; $\frac{17}{18} - \frac{2}{18} = \frac{15}{18} = \mathbf{\frac{5}{6}}$; $\frac{12}{15} - \frac{3}{15} = \frac{9}{15} = \mathbf{\frac{3}{5}}$.

Exercice 3

$\frac{15}{12} + \frac{2}{8} = \frac{5}{4} + \frac{1}{4} = \frac{6}{4} = \mathbf{\frac{3}{2}}$; $\frac{15}{12} - \frac{2}{8} = \frac{5}{4} - \frac{1}{4} = \frac{4}{4} = \mathbf{1}$;

$\frac{9}{18} + \frac{3}{12} = \frac{1}{2} + \frac{1}{4} = \frac{2}{4} + \frac{1}{4} = \mathbf{\frac{3}{4}}$; $\frac{9}{18} - \frac{3}{12} = \frac{1}{2} - \frac{1}{4} = \frac{2}{4} - \frac{1}{4} = \mathbf{\frac{1}{4}}$.

Exercice 4

$\frac{3}{8} + \frac{4}{8} = \mathbf{\frac{7}{8}}$; $\frac{7}{8} + \frac{2}{8} = \mathbf{\frac{9}{8}}$; $\frac{7}{8} - \frac{2}{8} = \mathbf{\frac{5}{8}}$; $\frac{7}{8} + \frac{18}{8} = \mathbf{\frac{25}{8}}$.

Exercice 5

a. $\frac{10}{16} + \left(\frac{5}{16} - \frac{4}{16}\right) = \frac{10}{16} + \frac{1}{16} = \mathbf{\frac{11}{16}}$.

b. $\frac{14}{8} - \left(\frac{5}{8} - \frac{4}{8}\right) = \frac{14}{8} - \frac{1}{8} = \mathbf{\frac{13}{8}}$.

Exercice 6

a. **60 = 12 × 5 ; 60 = 15 × 4 ; 60 = 20 × 3.**

b. $\frac{1}{12} + \frac{1}{15} + \frac{1}{20} = \frac{5}{60} + \frac{4}{60} + \frac{3}{60} = \frac{12}{60} = \mathbf{\frac{1}{5}}$.

$\frac{1}{12} - \left(\frac{1}{15} - \frac{1}{20}\right) = \frac{5}{60} - \left(\frac{4}{60} - \frac{3}{60}\right) = \frac{5}{60} - \frac{1}{60} = \frac{4}{60} = \mathbf{\frac{1}{15}}$.

$\left(\frac{1}{12} - \frac{1}{15}\right) + \frac{1}{20} = \left(\frac{5}{60} - \frac{4}{60}\right) + \frac{3}{60} = \frac{1}{60} + \frac{3}{60} = \frac{4}{60} = \mathbf{\frac{1}{15}}$.

Exercice 7

$\frac{2,3}{0,8} + \frac{1,6}{0,8} = \frac{23}{8} + \frac{16}{8} = \mathbf{\frac{39}{8}}$ (soit $\frac{3,9}{0,8}$) ; $\frac{2,5}{1,2} - \frac{1,4}{1,2} = \frac{25}{12} - \frac{14}{12} = \frac{11}{12}$ $\left(\text{soit } \frac{1,1}{1,2}\right)$.

Exercice 8

a. $\frac{2}{3} + 1 = \frac{2}{3} + \frac{3}{3} = \mathbf{\frac{5}{3}}$; $\frac{2}{3} + 2 = \frac{2}{3} + \frac{6}{3} = \mathbf{\frac{8}{3}}$; $1 - \frac{3}{4} = \frac{4}{4} - \frac{3}{4} = \mathbf{\frac{1}{4}}$; $2 - \frac{3}{4} = \frac{8}{4} - \frac{3}{4} = \mathbf{\frac{5}{4}}$.

b. $\frac{1}{3} + 0,2 = \frac{1}{3} + \frac{2}{10} = \frac{10}{30} + \frac{6}{30} = \frac{16}{30} = \mathbf{\frac{8}{15}}$; $1,6 - \frac{1}{4} = \frac{16}{10} - \frac{1}{4} = \mathbf{\frac{27}{20}}$.

Exercice 9

a. On complète respectivement avec $\mathbf{\frac{5}{3}}$; $\mathbf{\frac{3}{11}}$ et $\mathbf{\frac{9}{15}}$.

b. $x = \mathbf{\frac{2}{4}}$ car $\frac{1}{4} + \frac{2}{4} = \frac{3}{4}$; $x = \mathbf{\frac{2}{7}}$ car $\frac{3}{7} + \frac{2}{7} = \frac{5}{7}$

Nombres relatifs : repérage sur une droite

Je retiens le cours

1 Abscisse d'un point sur une droite graduée

Pour repérer un point sur une droite, on choisit une origine (par exemple, le point *O*), une unité de longueur (par exemple, le centimètre) et un sens positif. Le sens contraire est appelé sens négatif.
On gradue ensuite, à partir de l'origine, la demi-droite de sens positif avec des décimaux positifs et l'autre demi-droite avec des décimaux négatifs.

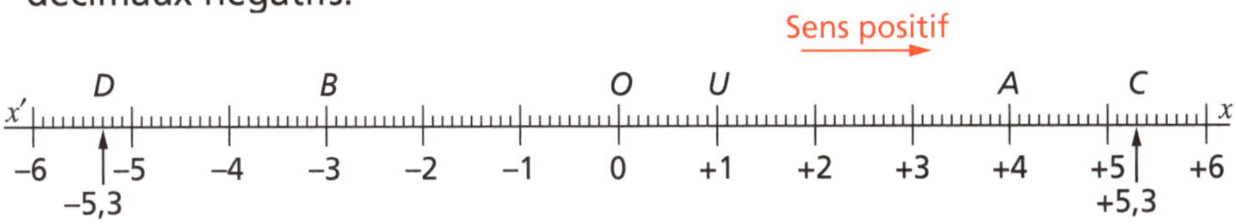

- Le point *A* a pour **abscisse** +4 ; il est à 4 cm de l'origine, et de *O* vers *A* on va dans le sens positif ; +4 est un **nombre positif**. La **distance** de *O* à *A* est égale à 4.

- Le point *B* a pour **abscisse** –3 ; il est à 3 cm de l'origine, et de *O* vers *B* on va dans le sens négatif ; –3 est un **nombre négatif**. La **distance** de *O* à *B* est égale à 3.

- *C* et *D* sont deux points symétriques par rapport à l'origine (*O* est le milieu de [*CD*]) ; leurs abscisses respectives +5,3 et –5,3 sont des **nombres opposés**.

- Le point *O* (origine) a pour abscisse le nombre 0 qui est à la fois positif et négatif.

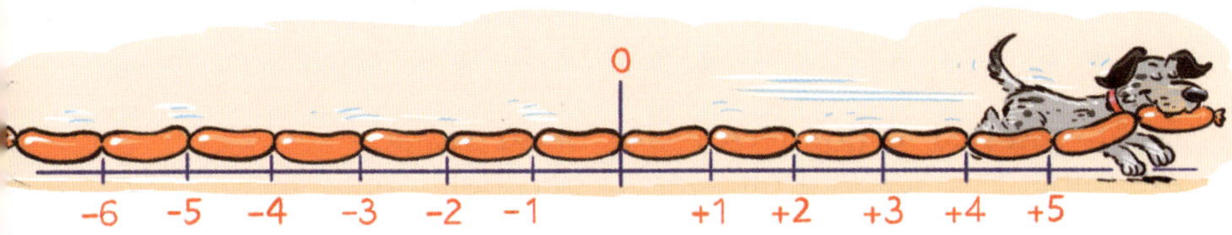

Notes

Notes

2 Rangement des décimaux relatifs

▸ Sur la droite graduée (voir page précédente), lorsqu'on lit les abscisses dans le sens positif (ici, de la gauche vers la droite), celles-ci sont rangées par **ordre croissant**.

$\ldots -6 < -5{,}3 < -5 < -4 < -3 < -2 < -1 < 0 < +1 < +2 < +3 \ldots$

$-6 < -5{,}3$ se lit « -6 **est strictement inférieur à** $-5{,}3$ ».

Si on lit les abscisses dans le sens négatif (ici, de la droite vers la gauche), celles-ci sont rangées par **ordre décroissant** :

$\ldots +6 > +5{,}3 > +5 > +4 > +3 > +2 > +1 > 0 > -1 > -2 > -3 \ldots$

$+6 > +5{,}3$ se lit « $+6$ **est strictement supérieur à** $+5{,}3$ ».

▸ 0 et les nombres strictement supérieurs à 0 constituent les nombres positifs.
0 et les nombres strictement inférieurs à 0 constituent les nombres négatifs.

Je comprends comment faire

▸ Repérer un point sur une droite graduée

1° Sur une droite $x'x$ graduée (origine *O* ; unité cm ; sens positif de la gauche vers la droite), place les points *A* et *B* d'abscisses respectives $+2{,}1$ et $-4{,}5$.

2° Place sur cette droite graduée les points *A′* et *B′* symétriques respectifs de *A* et de *B* par rapport à *O* (voir page 135). Donne les abscisses de *A′* et de *B′*.

3° Range par ordre décroissant les abscisses des points *A, B, A′* et *B′*.

1° On place le point *A* à 2,1 cm de *O* dans le sens positif et le point *B* à 4,5 cm de *O* dans le sens négatif (figure ci-dessous).

2° On place le point *A′* tel que *O* soit le milieu de [*AA′*] et le point *B′* tel que *O* soit le milieu de [*BB′*].

L'abscisse de *A′* est $-2{,}1$ (c'est l'opposée de celle de *A*).

L'abscisse de *B′* est $+4{,}5$ (c'est l'opposée de celle de *B*).

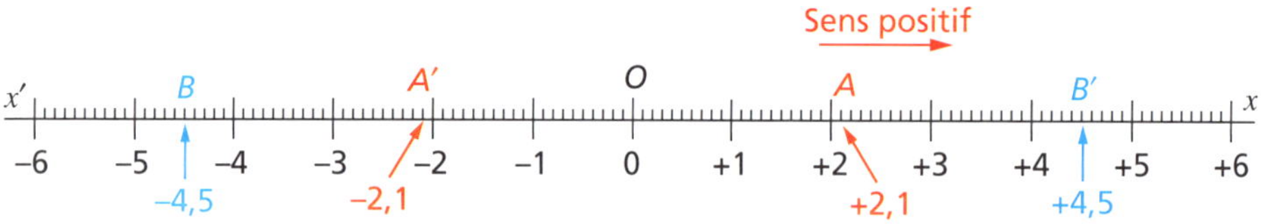

3° Pour ranger les abscisses par ordre décroissant, on se déplace sur $x'x$ dans le sens négatif (ici, de la droite vers la gauche) ; on a :
$\mathbf{+4{,}5 > +2{,}1 > 0 > -2{,}1 > -4{,}5}$.

Corrigés p. 48

Je m'entraîne

Brouillon

Exercice 1

Lis l'abscisse de chacun des points *A*, *B*, *C* et *D* de la droite graduée $x'x$, puis complète chacune des phrases.

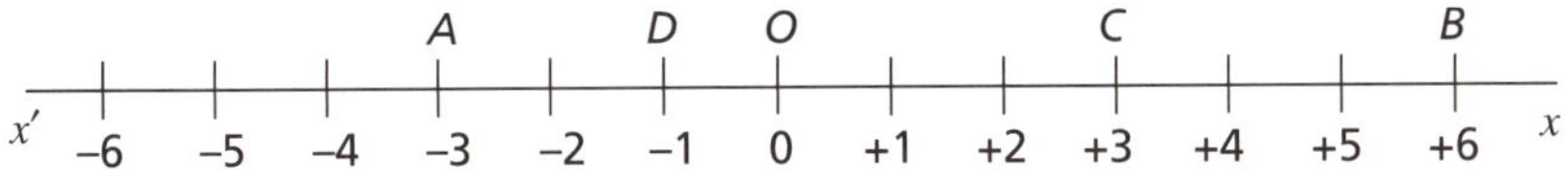

Le point *A* a pour abscisse .... ; le point *B* a pour abscisse .... ;

le point *C* a pour abscisse .... ; le point *D* a pour abscisse ....

Les abscisses des points *A* et *D* sont des nombres relatifs ....

Les abscisses des points *C* et *B* sont des nombres relatifs ....

Le point .... et le point .... ont pour abscisses des nombres opposés.

Exercice 2

a. **Gradue la droite $x'x$ à partir de l'origine *O* en prenant comme unité le cm.**

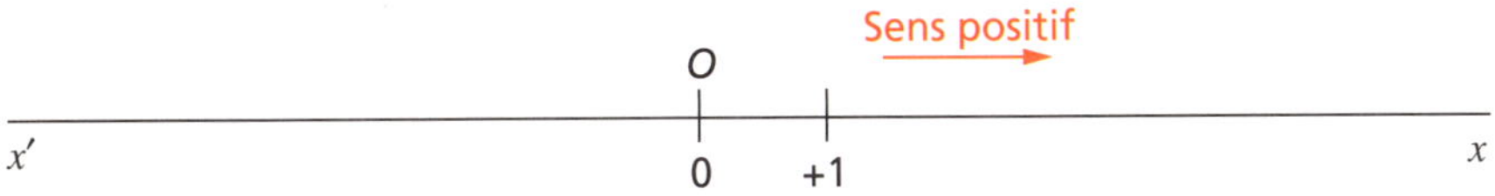

Place sur la droite graduée $x'x$ les points *A*, *B*, *C*, *D* et *E* ayant respectivement pour abscisses –5 ; +6 ; –2,5 ; +2,5 et –1.

b. **Nomme deux points ayant des abscisses opposées :** ....

Nomme trois points ayant une abscisse positive : ....

Nomme trois points ayant une abscisse négative : ....

c. Soient *A'*, *B'*, *C'*, *D'* et *E'* les points symétriques respectifs des points *A*, *B*, *C*, *D* et *E* par rapport au point *O*.

Complète le tableau suivant.

Points	*A'*	*B'*	*C'*	*D'*	*E'*
Abscisses	....	....	....	....	....

Brouillon

Exercice 3

Sur un thermomètre, les températures sont repérées par des nombres relatifs.

a. **Range par ordre croissant les températures positives suivantes.**

+20° ; +25° ; +15° ; +12° ; 0° ; +8° et +7°.

....

b. **Range par ordre croissant les températures négatives suivantes.**

–7° ; 0° ; –9° ; –14° ; –18° et –20°.

....

c. **Range par ordre croissant les températures suivantes.**

+7° ; 0° ; –9° ; –4° ; +8° et –2°.

....

Exercice 4

Une unité de monnaie étant choisie, un gain (ou une recette) se note avec un nombre positif et une perte (ou une dépense) se note avec un nombre négatif.

a. **Range par ordre décroissant les pertes et les gains suivants.**

+20 € ; –10 € ; +80 € ; –60 € ; –80 € et +30 €.

....

b. **Range par ordre croissant les pertes et les gains suivants.**

+85,40 € ; –92,25 € ; +84,50 € ; –91,75 € ; +94,50 € et –79,95 €.

....

Exercice 5

Complète avec le signe $<$ ou le signe $>$ les inégalités suivantes.

–18 .... –25 ; –25 .... +5 ; +5 .... +12 ; +12 .... –12 ;

–12 .... –20 ; –3,8 .... –2,1 ; –2,5 .... –2,3 ;

–3,8 .... –4,9 ; –12,5 .... –12 ; –10,1 .... –9,9.

Brouillon

Exercice 6

Au golf, il est d'usage de noter la performance d'un joueur avec un nombre relatif en lien avec les 72 coups considérés comme l'objectif à atteindre ; +8 indique que le joueur a réalisé le parcours en 8 coups de plus (soit 80 coups) et –5 indique qu'il a réalisé le parcours en 5 coups de moins (soit 67 coups).

a. Première journée de compétition :
Jan (–4) ; Don (+5) ; Jo (–6) ; Ken (0) ; Kim (–3) ; Bob (+2) et Ron (+8).

Range ces nombres par ordre croissant.

....

Après cette première journée, le classement s'établit ainsi :
1er Jo (–6) ; 2e Jan (–4) [car –6 c'est mieux que –4].

Complète ce classement.

1er Jo (–6) ; 2e Jan (–4) ; 3e ....

b. Seconde journée de compétition :
Jan (+7) ; Don (–6) ; Jo (+3) ; Ken (+2) ; Kim (–5) ; Bob (–4) et Ron (0).

Range ces nombres par ordre croissant.

....

Déduis-en le classement pour cette seconde journée.

....

Exercice 7

Tout nombre relatif non entier peut être encadré par deux entiers relatifs consécutifs.
Ex. : +2,8 est supérieur à +2 et inférieur à +3 ; on a : $+2 < +2,8 < +3$.
–3,5 est supérieur à –4 et inférieur à –3 ; on a : $-4 < -3,5 < -3$.

Encadre de même les décimaux suivants par deux entiers relatifs consécutifs.

.... < +5,4 < .... ; .... < +1,2 < ....

.... < +3,9 < .... ; .... < +0,4 < ....

.... < –1,7 < .... ; .... < –2,4 < ....

.... < –0,9 < .... ; .... < –5,8 < ....

Corrigés des exercices

Exercice 1

Le point *A* a pour abscisse **–3** ; le point *B* a pour abscisse **+6** ; le point *C* a pour abscisse **+3** ; le point *D* a pour abscisse **–1**.
Les abscisses des points *A* et *D* sont des nombres relatifs **négatifs**.
Les abscisses des points *C* et *B* sont des nombres relatifs **positifs**.
Le point ***A*** et le point ***C*** ont pour abscisses des nombres opposés.

Exercice 2

a.

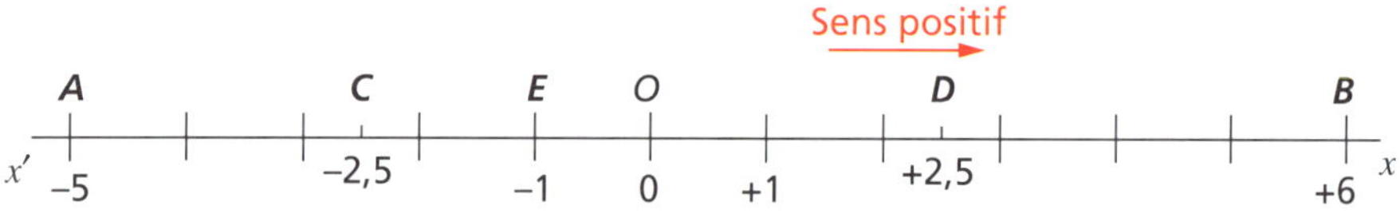

b. ***C* et *D* ont des abscisses opposées.**
***O*, *D* et *B* ont des abscisses positives.**
***O*, *E* et *C* ont des abscisses négatives (de même que *A*).**
c. Deux points symétriques par rapport à *O* ont des abscisses opposées.

Points	*A′*	*B′*	*C′*	*D′*	*E′*
Abscisses	+5	–6	+2,5	–2,5	+1

Exercice 3

a. **0° < +7° < +8° < +12° < +15° < +20° < +25°.**
b. **–20° < –18° < –14° < –9° < –7° < 0°.**
c. **–9° < –4° < –2° < 0 < +7° < +8°.**

Exercice 4

a. **+80 > +30 > +20 > –10 > –60 > –80.**
b. **–92,25 < –91,75 < –79,95 < +84,50 < +85,40 < +94,50.**

Exercice 5

–18 **>** –25 ; –25 **<** +5 ; +5 **<** +12 ; +12 **>** –12 ; –12 **>** –20 ;
–3,8 **<** –2,1 ; –2,5 **<** –2,3 ; –3,8 **>** –4,9 ; –12,5 **<** –12 ; –10,1 **<** –9,9.

Exercice 6

a. **–6 < –4 < –3 < 0 < +2 < +5 < +8.**
D'où le classement (–6 c'est mieux que –4 ; –4 c'est mieux que –3...) :
1er Jo (–6) ; 2e Jan (–4) ; **3e Kim** (–3) ; **4e Ken** (0) ; **5e Bob** (+2) ; **6e Don** (+5) ; **7e Ron** (+8).
b. **–6 < –5 < –4 < 0 < +2 < +3 < +7.**
Classement : **1er Don** (–6) ; **2e Kim** (–5) ; **3e Bob** (–4) ; **4e Ron** (0) ; **5e Ken** (+2) ; **6e Jo** (+3) ; **7e Jan** (+7).

Exercice 7

+5 < +5,4 < **+6** ; **+1** < +1,2 < **+2** ; **+3** < +3,9 < **+4** ; **0** < +0,4 < **+1** ;
–2 < –1,7 < **–1** ; **–3** < –2,4 < **–2** ; **–1** < –0,9 < **0** ; **–6** < –5,8 < **–5**.

Nombres relatifs : repérage dans un plan

Je retiens le cours

1 Coordonnées d'un point du plan

- Deux droites perpendiculaires, graduées à partir de leur point d'intersection, constituent un **repère orthogonal** du plan. Si les deux droites perpendiculaires sont graduées avec la même unité, on dit que le repère est orthonormé.
- Le point *O* est l'origine du repère.
La droite $x'x$ est l'axe des abscisses.
La droite $y'y$ est l'axe des ordonnées.

- Chaque point est repéré par deux nombres :
– l'abscisse, lue sur l'axe $x'x$;
– l'ordonnée, lue sur l'axe $y'y$.

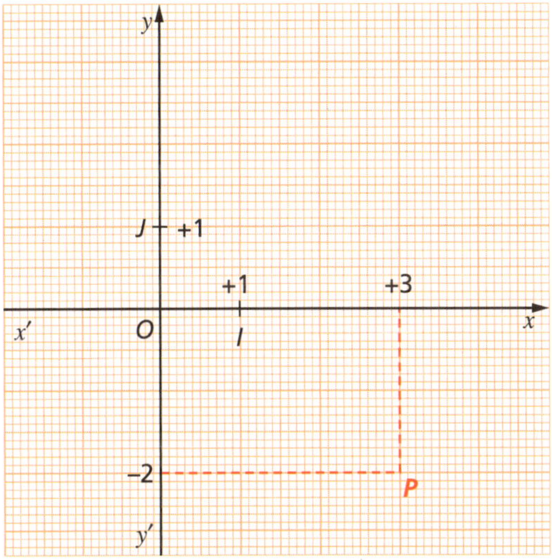

La parallèle à $y'y$ passant par le point *P* coupe l'axe des abscisses en un point repéré par le nombre +3 ; **l'abscisse** du point *P* est +3.

La parallèle à $x'x$ passant par le point *P* coupe l'axe des ordonnées en un point repéré par le nombre –2 ; **l'ordonnée** du point *P* est –2.

Le **couple de coordonnées** du point *P* est (+3 ; –2).
abscisse ordonnée

Notes

Je comprends comment faire

Lire les coordonnées d'un point

Lis les coordonnées de chacun des sommets du triangle *ABC*.

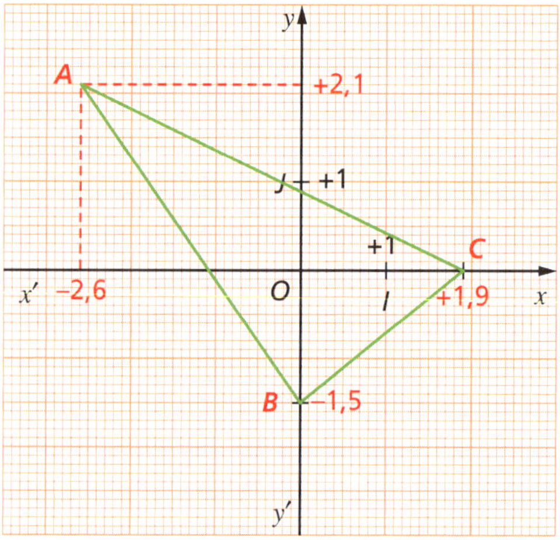

• La parallèle à $y'y$ passant par *A* coupe $x'x$ en un point repéré par –2,6.

La parallèle à $x'x$ passant par *A* coupe yy' en un point repéré par +2,1.

(–2,6 ; +2,1) est le couple de coordonnées du point *A*.

• Le point *B* est sur $y'y$, son abscisse est donc 0 ; on lit son ordonnée : –1,5.

***B* a pour coordonnées (0 ; –1,5).**

• Le point *C* est sur $x'x$, son ordonnée est donc 0 ; on lit son abscisse : +1,9.

***C* a pour coordonnées (+1,9 ; 0).**

Placer un point de coordonnées données

Place dans un repère orthonormé (unité : 1 cm sur chaque axe) le point *A* ayant pour coordonnées (–2,8 ; –1,7).

–2,8 permet de repérer le point *A*′ sur l'axe des abscisses et –1,7 permet de repérer le point *A*″ sur l'axe des ordonnées.

La parallèle à $y'y$ passant par *A*′ et la parallèle à $x'x$ passant par *A*″ se coupent en un point *A* qui a pour coordonnées (–2,8 ; –1,7).

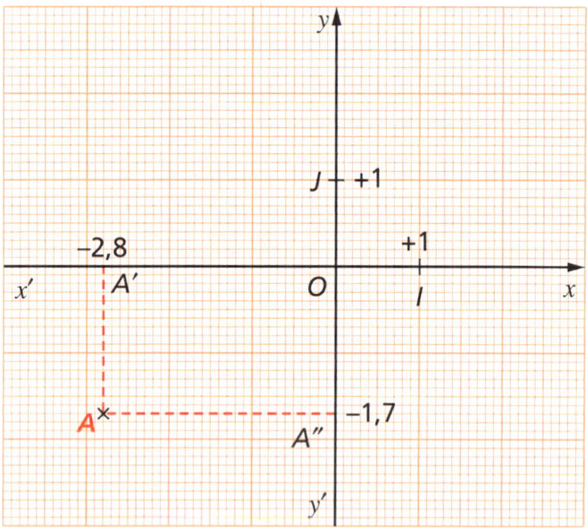

Remarque : le papier quadrillé (millimétré par exemple) permet de tracer des parallèles sans utiliser l'équerre.
Les parallèles (appelées « lignes de rappel ») sont tracées en pointillés et on n'en trace que la partie utile.

Notes

Corrigés p. 54

Je m'entraîne

Brouillon

Exercice 1

a. Donne les coordonnées de chacun des sommets du quadrilatère *ABCD*.

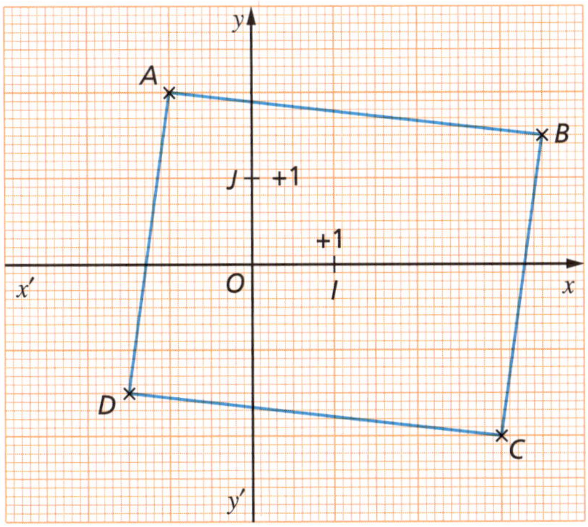

....

....

b. Le point *E* a la même abscisse que *A* et la même ordonnée que *C*.

Quelles sont les coordonnées de *E* ? ....

Exercice 2

a. Place dans le repère ci-contre les points *E, F, G, H* et *K* ayant respectivement pour coordonnées (+2 ; +2) ; (+4 ; +5) ; (+5 ; 0) ; (0 ; +5) et (–1 ; +4).

b. Vérifie avec le compas que *E* est le centre d'un cercle* passant par les quatre autres points.

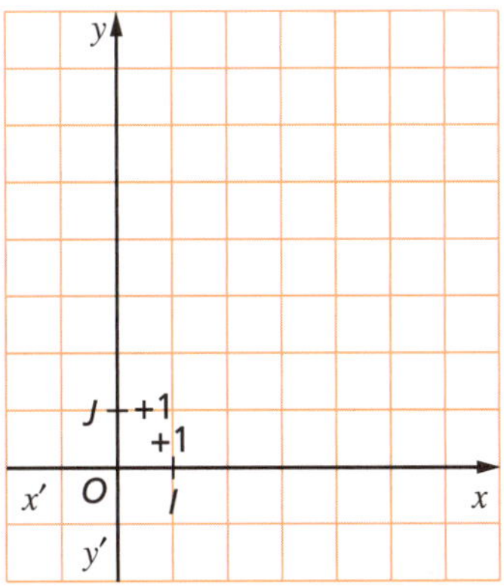

Exercice 3

a. Place dans le repère ci-dessous le point *P* de coordonnées (+6 ; +4).

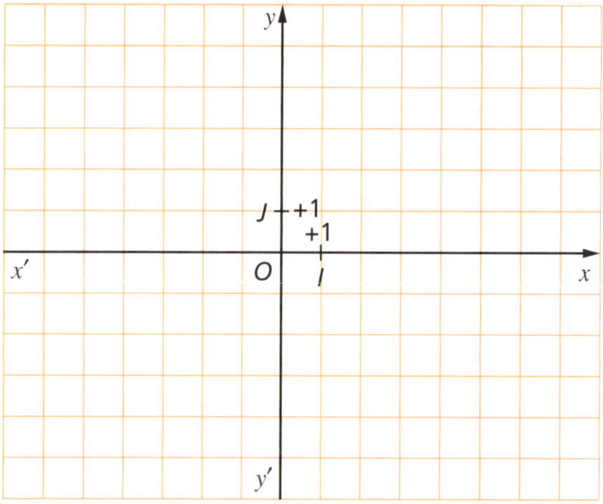

b. Construis le point *P′* symétrique de *P* par rapport à l'axe des abscisses.

Fais des remarques sur les coordonnées de *P′*.

....

c. Construis le point *P″* symétrique de *P* par rapport à l'axe des ordonnées.

Fais des remarques sur les coordonnées de *P″*.

....

Exercice 4

a. Place dans le repère de l'exercice 3 deux points *A* et *B* qui ont la même abscisse et des ordonnées opposées.

Coche la bonne réponse.

Ces points sont symétriques par rapport à l'axe des abscisses. ☐
Ces points sont symétriques par rapport à l'axe des ordonnées. ☐

b. Place dans le repère de l'exercice 3 deux points *C* et *D* qui ont des abscisses opposées et la même ordonnée.

Coche la bonne réponse.

Ces points sont symétriques par rapport à l'axe des abscisses. ☐
Ces points sont symétriques par rapport à l'axe des ordonnées. ☐

Brouillon

Exercice 5

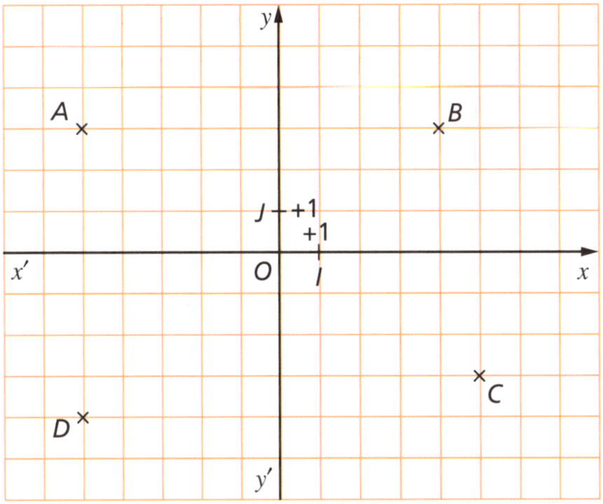

a. Observe les coordonnées de chacun des points *A*, *B*, *C* et *D*.

Nomme deux points ayant la même abscisse : ....

Nomme deux points ayant la même ordonnée : ....

Nomme deux points ayant des abscisses opposées : ....

Nomme deux points ayant des ordonnées opposées : ....

b. Place dans le même repère :

– le point *E* ayant pour coordonnées (0 ; +4) ;

– le point *F* ayant la même abscisse que *E* et une ordonnée opposée à celle de *E*.

c. Place dans le même repère :

– le point *G* ayant pour coordonnées (+4 ; 0) ;

– le point *H* ayant la même ordonnée que *G* et une abscisse opposée à celle de *G*.

Corrigés des exercices

Exercice 1

a. ***A*(–1 ; +2)** ; ***B*(+3,5 ; +1,5)** ;
***C*(+3 ; –2)** ; ***D*(–1,5 ; –1,5)**.

b. ***E*(–1 ; –2)** car *A* a pour abscisse –1 et *C* a pour ordonnée –2.

Exercice 2 a. et b.

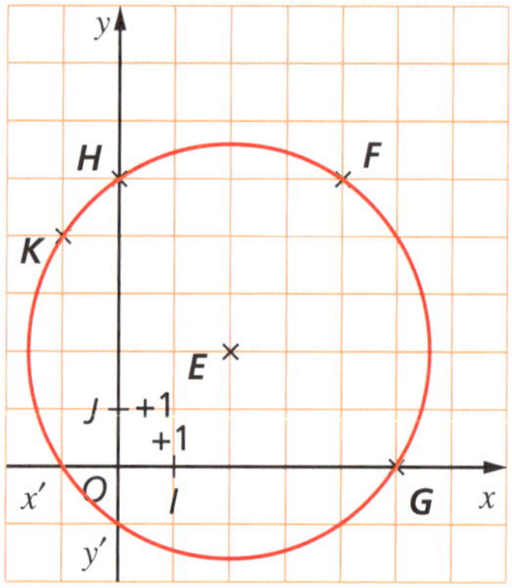

Exercice 3

a. Graphique ci-contre.

b. Le point *P′* a la même abscisse que *P* ; son ordonnée est l'opposée de celle de *P*.
***P′*(+6 ; –4).**

c. Le point *P″* a la même ordonnée que *P* ; son abscisse est l'opposée de celle de *P*.
***P″*(–6 ; +4).**

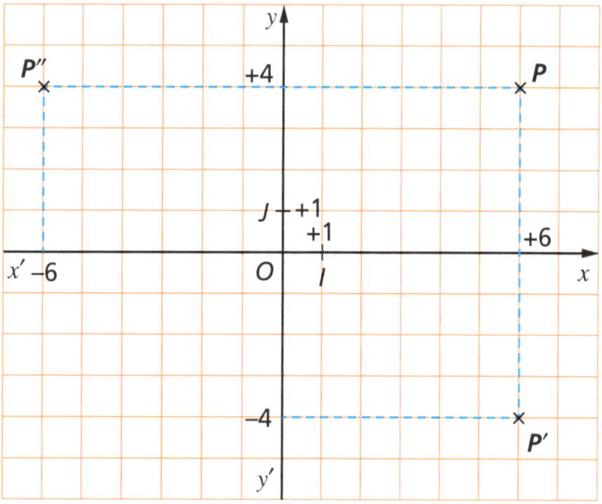

Exercice 4

a. ***A* et *B* sont symétriques par rapport à l'axe des abscisses.**

b. ***C* et *D* sont symétriques par rapport à l'axe des ordonnées.**

Exercice 5

a. ***A* et *D* ont la même abscisse** (–5).
***A* et *B* ont la même ordonnée** (+3).

***A* et *C* ont des abscisses opposées** (–5) et (+5).

***B* et *C* ont des ordonnées opposées** (+3) et (–3).

b. *E* a pour coordonnées (0 ; +4) ;
donc ***F* a pour coordonnées (0 ; –4).**

c. *G* a pour coordonnées (+4 ; 0) ;
donc ***H* a pour coordonnées (–4 ; 0).**

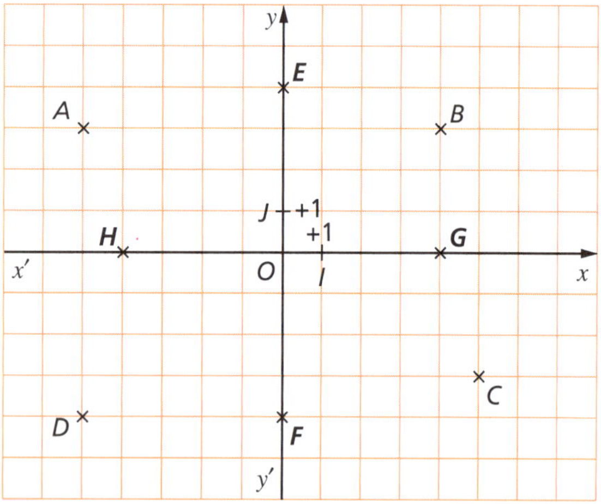

Nombres relatifs : addition

Je retiens le cours

Pour éviter la juxtaposition du signe opératoire + (addition) avec les signes des nombres relatifs, nous mettons systématiquement des parenthèses autour de ces nombres dans les sommes non effectuées (cela sera affiné à la leçon 10).

1 Somme de deux nombres relatifs de même signe

même signe +

(+3) + (+2) = +5

même signe –

(–3) + (–2) = –5

Dans les deux cas, 5 est la somme des distances à l'origine (5 = 3 + 2).

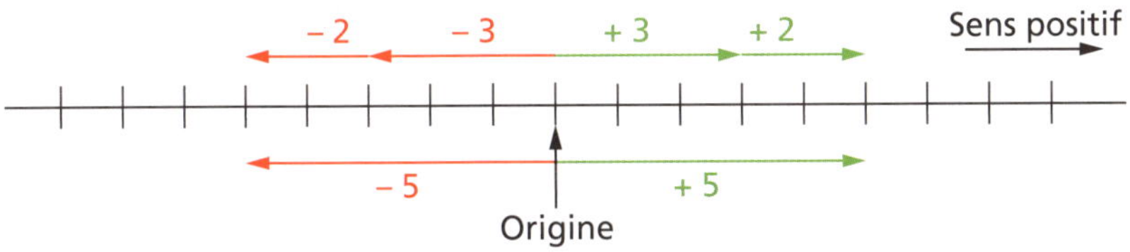

2 Somme de deux nombres relatifs de signes contraires

Signe de l'abscisse du point le plus éloigné de l'origine

(–6) + (+2) = –4

(+6) + (–2) = +4

Dans les deux cas, 4 est la différence des distances à l'origine (4 = 6 – 2).

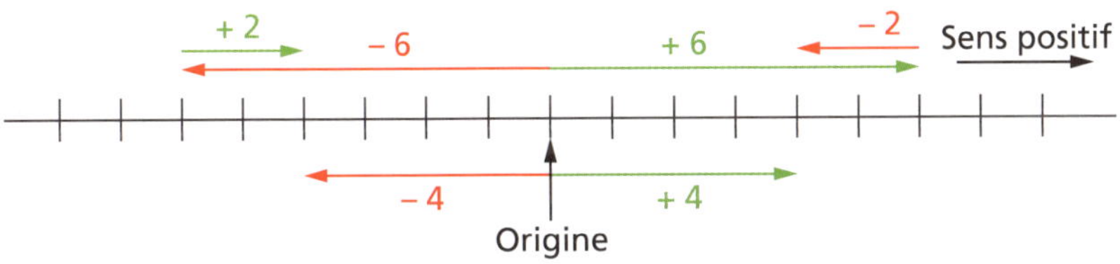

3 Nombres relatifs opposés

Des nombres opposés sont les abscisses de deux points symétriques par rapport à l'origine sur une droite graduée. Dire que deux nombres sont opposés, c'est dire que leur somme est égale à 0.

Notes

Je comprends comment faire

Additionner deux nombres relatifs

Calcule chacune des sommes suivantes :
(+5,1) + (+4,8) ; (+4,7) + (–5,3) ; (–5,3) + (+6,8) ; (–5,3) + (–9,5).

• (+5,1) et (+4,8) sont de même signe +, la somme est donc positive ;
(+5,1) + (+4,8) = +9,9 car, pour les distances, on a : 5,1 + 4,8 = 9,9.

• (+4,7) et (–5,3) sont de signes contraires ; la somme est négative car 5,3 > 4,7 ;
(+4,7) + (–5,3) = –0,6 car, pour les distances, on a : 5,3 – 4,7 = 0,6.

• (–5,3) et (+6,8) sont de signes contraires ; la somme est positive car 6,8 > 5,3 ;
(–5,3) + (+6,8) = +1,5 car, pour les distances, on a : 6,8 – 5,3 = 1,5.

• (–5,3) et (–9,5) sont de même signe –, la somme est donc négative ;
(–5,3) + (–9,5) = –14,8 car, pour les distances, on a : 5,3 + 9,5 = 14,8.

Utiliser la calculatrice pour calculer une somme

Avec la calculatrice :

• on ne tape pas les parenthèses entourant les nombres relatifs ;

• un nombre positif se tape sans signe + (pour afficher +3, on tape 3) ;

• pour entrer un nombre négatif, on utilise une touche spéciale qui dépend de la calculatrice utilisée (avec la TI – Collège Plus, c'est la touche [(–)]).

En utilisant la calculatrice, calcule chacune des sommes suivantes :

(+123,4) + (+567,8) ; (–123,4) + (–567,8) ; (+123,4) + (–567,8) ; (–123,4) + (+567,8).

Avec la TI – Collège Plus :

• La séquence 123,4 [+] 567,8 [=] donne **691,2** (c'est-à-dire +691,2).

• La séquence [(–)] 123,4 [+] [(–)] 567,8 [=] donne **–691,2**.

• La séquence 123,4 [+] [(–)] 567,8 [=] donne **–444,4**.

• La séquence [(–)] 123,4 [+] 567,8 [=] donne **444,4** (c'est-à-dire +444,4).

Notes

Corrigés p. 60

Je m'entraîne

Brouillon

Exercice 1

Calcule mentalement les sommes suivantes.

a. (+5) + (+4) = ... ; (+12) + (+24) = ... ;

(+16) + (+25) = ... ; (+28) + (+15) = ...

b. (–5) + (–4) = ... ; (–12) + (–24) = ... ;

(–16) + (–25) = ... ; (–19) + (–17) = ...

c. (+5) + (–4) = ... ; (+12) + (–24) = ... ;

(+16) + (–25) = ... ; (+28) + (–37) = ...

d. (–5) + (+4) = ... ; (–12) + (+24) = ... ;

(–16) + (+25) = ... ; (–32) + (+16) = ...

Exercice 2

Calcule, puis vérifie avec ta calculatrice.

a. (+2,5) + (+3,4) = ... ; (+8,9) + (+4,6) = ...

b. (–3,5) + (–2,4) = ... ; (–1,2) + (–2,9) = ...

c. (+5,3) + (–4,8) = ... ; (+3,2) + (–2,4) = ...

d. (–5,7) + (+4,6) = ... ; (–8,2) + (+9,4) = ...

Exercice 3

a. **Vérifie avec ta calculatrice que l'on a : 9,645 + 5,786 = 15,431.**
Calcule chacune des sommes suivantes.

(+9,645) + (+5,786) = ... ; (–9,645) + (–5,786) = ...

b. **Vérifie avec ta calculatrice que 9,645 – 5,786 = 3,859.**
Calcule chacune des sommes suivantes.

(+9,645) + (–5,786) = ... ; (–9,645) + (+5,786) = ...

Brouillon

Exercice 4

Complète le tableau suivant en inscrivant à chaque croisement d'une ligne et d'une colonne la somme des deux nombres relatifs.

+	–5	+12	–125	+3,7	–5,4
+7	+2	....	....	....	....
–18	....	–6	....	....	....
+125	....	....	0	....	....
–1,8	....	....	....	....	....
+7,6	....	....	....	....	....

Exercice 5

a. **Effectue les additions suivantes, puis coche la bonne réponse.**

(+9,8) + (–7,4) = ... (–6,5) + (+7,3) = ...

On en déduit (voir leçon 6) :

(+9,8) + (–7,4) < (–6,5) + (+7,3). ☐

(+9,8) + (–7,4) > (–6,5) + (+7,3). ☐

b. **Effectue les additions suivantes, puis coche la bonne réponse.**

(+7,2) + (–9,4) = ...

(+1,5) + (–5,3) = ...

On en déduit (voir leçon 6) :

(+7,2) + (–9,4) < (+1,5) + (–5,3). ☐

(+7,2) + (–9,4) > (+1,5) + (–5,3). ☐

c. **Complète avec le signe <, le signe = ou le signe >.**

(+25,8) + (+5,4) .... (–35,2) + (–76,5).

(–75,2) + (+25,4) .... (–45,9) + (+96,3).

(–21,3) + (–15,9) .... (–44,1) + (+6,9).

Brouillon

Exercice 6

a. Complète le tableau suivant.

a	+15	+2,7	–3,9	+8,7	–5,7
b	–27	+4,9	+7,2	–5,4	–7,5
a + *b*	....	....	....	....	....
Opposé de *a*	–15	....	....	....	....
Opposé de *b*	+27	....	....	....	....
Opposé de *a* + opposé de *b*	....	....	....	....	....

b. Coche la bonne réponse.

La somme de l'opposé de *a* et de l'opposé de *b* est égale à :

la somme *a* + *b*. ☐ l'opposé de la somme *a* + *b*. ☐

Exercice 7

a. Calcule en respectant l'ordre indiqué par les crochets.

[(+5,1) + (–7,5)] + (–8,4) = ... + (–8,4) = ...

(+5,1) + [(–7,5) + (–8,4)] = (+5,1) + ... = ...

[(–6,4) + (–9,5)] + (+2,4) = ... + (+2,4) = ...

(–6,4) + [(–9,5)] + (+2,4)] = (–6,4) + ... = ...

[(+7,1) + (–3,5)] + (+7,9) = ... + (+7,9) = ...

(+7,1) + [(–3,5) + (+7,9)] = (+7,1) + ... = ...

b. Utilise ta calculatrice pour effectuer chacune des séquences.

5,1 [+] [(–)] 7,5 [+] [(–)] 8,4 [=] donne à l'affichage ....

[(–)] 6,4 [+] [(–)] 9,5 [+] 2,4 [=] donne à l'affichage ....

7,1 [+] [(–)] 3,5 [+] 7,9 [=] donne à l'affichage ....

Corrigés des exercices

Exercice 1

a. **+9 ; +36 ; +41 ; +43.** b. **−9 ; −36 ; −41 ; −36.** c. **+1 ; −12 ; −9 ; −9.**
d. **−1 ; +12 ; +9 ; −16.**

Exercice 2

a. **+5,9 ; +13,5.** b. **−5,9 ; −4,1.** c. **+0,5 ; +0,8.** d. **−1,1 ; +1,2.**

Exercice 3

a. (+9,645) + (+5,786) = **+15,431** et (−9,645) + (−5,786) = **−15,431**.
b. (+9,645) + (−5,786) = **+3,859** et (−9,645) + (+5,786) = **−3,859**.

Exercice 4

+	−5	+12	−125	+3,7	−5,4
+7	+2	+19	−118	+10,7	+1,6
−18	−23	−6	−143	−14,3	−23,4
+125	+120	+137	0	+128,7	+119,6
−1,8	−6,8	+10,2	−126,8	+1,9	−7,2
+7,6	+2,6	+19,6	−117,4	+11,3	+2,2

Exercice 5

a. (+9,8) + (−7,4) = **+2,4** ; (−6,5) + (+7,3) = **+0,8**.
(+9,8) + (−7,4) **>** (−6,5) + (+7,3) car +2,4 > +0,8.
b. (+7,2) + (−9,4) = **−2,2** ; (+1,5) + (−5,3) = **−3,8**.
(+7,2) + (−9,4) **>** (+1,5) + (−5,3) car −2,2 > −3,8.
c. (+25,8) + (+5,4) **>** (−35,2) + (−76,5) car +31,2 > −111,7.
(−75,2) + (+25,4) **<** (−45,9) + (+96,3) car −49,8 < +50,4.
(−21,3) + (−15,9) **=** (−44,1) + (+6,9) car −37,2 = −37,2.

Exercice 6

a. Ligne *a* + *b* : **−12 ; +7,6 ; +3,3 ; +3,3 ; −13,2**.
Opposé de *a* : −15 ; **−2,7 ; +3,9 ; −8,7 ; +5,7**.
Opposé de *b* : +27 ; **−4,9 ; −7,2 ; +5,4 ; +7,5**.
Opposé de *a* + opposé de *b* : **+12 ; −7,6 ; −3,3 ; −3,3 ; +13,2**.
b. Dans ce tableau : la somme de l'opposé de *a* et de l'opposé de *b* est égale à **l'opposé de la somme *a* + *b***. Ceci est général.

Exercice 7

a. [(+5,1) + (−7,5)] + (−8,4) = **(−2,4)** + (−8,4) = **−10,8**.
(+5,1) + [(−7,5) + (−8,4)] = (+5,1) + **(−15,9)** = **−10,8**.
[(−6,4) + (−9,5)] + (+2,4) = **(−15,9)** + (+2,4) = **−13,5**.
(−6,4) + [(−9,5)] + (+2,4)] = (−6,4) + **(−7,1)** = **−13,5**.
[(+7,1) + (−3,5)] + (+7,9) = **(+3,6)** + (+7,9) = **+11,5**.
(+7,1) + [(−3,5) + (+7,9)] = (+7,1) + **(+4,4)** = **+11,5**.
b. Dans l'ordre : **−10,8 ; −13,5** et **+11,5**.

Nombres relatifs : soustraction

Je retiens le cours

Pour éviter la juxtaposition des signes opératoires – (soustraction) et + (addition) avec les signes des nombres relatifs, nous mettons systématiquement des parenthèses autour de ces nombres dans les différences et dans les sommes non effectuées (cela sera affiné à la leçon 10).

Notes

1 Différence de deux nombres

▶ a et b désignent des nombres relatifs.

La différence de a et de b est le nombre x qu'il faut ajouter à b pour obtenir a.

Le nombre x est la solution de l'équation $b + x = a$.

Avec des nombres relatifs, la différence de deux nombres existe toujours.

La différence de a et de b se note $a - b$ et on a :

$a - b = a +$ (opposé de b).

▶ L'équation $(+9{,}4) + x = +7{,}5$ a pour solution la différence $(+7{,}5) - (+9{,}4)$.

- La différence $(+7{,}5) - (+9{,}4)$ est égale à $(+7{,}5) + (-9{,}4)$ soit $-1{,}9$.
- L'équation $(+9{,}4) + x = +7{,}5$ a pour solution $-1{,}9$.

Vérification : on remplace x par $-1{,}9$; on obtient une égalité : $(+9{,}4) + (-1{,}9) = +7{,}5$.

2 Distance de deux points sur une droite graduée

▶ Connaissant les abscisses de deux points A et B sur une droite graduée, la distance des points A et B se note AB et on a :

AB = abscisse la plus grande – abscisse la plus petite.

▶

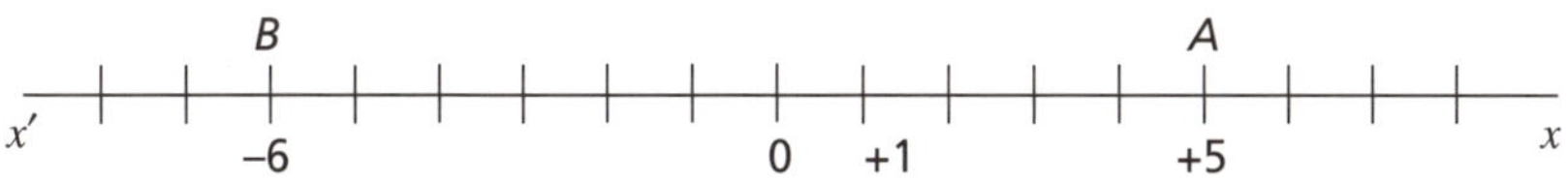

On a : abscisse de $A = +5$ et abscisse de $B = -6$; on sait que $-6 < +5$.

Par suite : AB = abscisse de A – abscisse de B ; $AB = (+5) - (-6)$;

$AB = (+5) + (+6) = +11$ (soit 11 unités de A à B).

Je comprends comment faire

Calculer la différence de deux nombres

Calcule mentalement chacune des différences suivantes :
(+19) – (+8) ; (+17) – (–12) ; (–13) – (+14) ; (–15) – (–9).

Soustraire, c'est ajouter l'opposé.

- (+19) – (+8) = (+19) + **(–8)** = **+11**.
- (+17) – (–12) = (+17) + **(+12)** = **+29**.
- (–13) – (+14) = (–13) + **(–14)** = **–27**.
- (–15) – (–9) = (–15) + **(+9)** = **– 6**.

Utiliser la calculatrice pour calculer une différence

Avec la calculatrice :

- il n'est pas nécessaire de remplacer la soustraction par une addition ;
- on ne tape pas les parenthèses entourant les nombres relatifs ;
- on ne tape pas le signe + indiquant qu'un nombre est positif (pour afficher +3, on tape 3) ;
- pour afficher le signe – indiquant qu'un nombre est négatif, on utilise une touche spécifique qui dépend de la calculatrice utilisée [touche (–) pour la TI – Collège plus].

En utilisant la calculatrice, calcule chacune des différences suivantes :
(+728) – (+376) ; (–583) – (–286,8) ; (+12,34) – (–76,25) ; (–143,25) – (+976,8).

Avec la TI – Collège Plus :

- Pour (+728) – (+376) on utilise la séquence 728 [–] 376 [=]
On lit : **352** c'est-à-dire +352.
- (–583) – (–286,8) : on utilise la séquence [(–)] 583 [–] [(–)] 286,8 [=]
On peut aussi utiliser la séquence [(–)] 583 [+] 286,8 [=]
On lit : **–296,2**.
- (+12,34) – (–76,25) : on utilise la séquence 12,34 [–] [(–)] 76,25 [=]
On peut aussi utiliser la séquence 12,34 [+] 76,25 [=]
On lit : **88,59** c'est-à-dire +88,59.
- (–143,25) – (+976,8) : on utilise la séquence [(–)] 143,25 [–] 976,8 [=]
On lit : **–1 120,05**.

Notes

Corrigés p. 66

Je m'entraîne

Brouillon

Exercice 1

Calcule mentalement les différences suivantes.

a. (+9) – (+3) = ... ; (+17) – (+14) = ...

b. (–9) – (–3) = ... ; (–17) – (–14) = ...

c. (+9) – (–3) = ... ; (+17) – (–14) = ...

d. (–9) – (+3) = ... ; (–17) – (+14) = ...

Exercice 2

Calcule, puis vérifie avec ta calculatrice.

a. (+2,5) – (+7,4) = ... ; (+8,9) – (+4,6) = ...

b. (–8,5) – (–2,4) = ... ; (–13,2) – (–2,4) = ...

c. (+5,3) – (–9,8) = ... ; (+11,2) – (–15,4) = ...

d. (–2,7) – (+4,5) = ... ; (–18,2) – (+9,4) = ...

Exercice 3

a. Complète le tableau suivant à l'aide de ta calculatrice.

a	+12,85	–42,17	+256	–36,85	+235	–3,158
b	+23,48	–53,19	–125,4	+36,85	+125	–3,158
a – *b*	....	....	....	....	....	....
b – *a*	....	....	....	....	....	....

b. Dans chacun des cas, que constates-tu pour les différences *a* – *b* et *b* – *a* ?

....

Brouillon

Exercice 4

Complète le tableau suivant en inscrivant à chaque croisement d'une ligne et d'une colonne la différence *a* – *b*.

b \ *a*	–5	+12	+125	+3,7	–7,6
+7	–12	....	....	....	....
–18	....	+30	....	....	....
+125	....	....	0	....	....
–1,8	....	....	....	....	....
+7,6	....	....	....	....	....

Exercice 5

Ex. : On veut résoudre l'équation (+17) + x = +3.
C'est une question : « *Quel nombre, mis à la place de* x, *donne une égalité ?* ».
Le nombre inconnu x est égal à la différence (+3) – (+17).
La solution est –14 car (+3) – (+17) = (+3) + (–17)= **–14**.
Vérification : (+17) + **(–14)** = +3 (égalité).

Résous de même chacune des équations suivantes.

a. (+12) + x = –28.

....

....

b. (–2,4) + x = +1,5.

....

....

c. (–25,7) + x = –31,5.

....

....

Brouillon

Exercice 6

A, B, C et *D* sont quatre points d'une droite graduée $x'x$ d'origine *O* (unité : cm).
La notation *A*(–5,5) signifie que le point *A* **a pour abscisse** –5,5.

a. On sait que *A*(–5,5), *B*(+4,5), *C*(–2,5) et *D*(+1,5).
Calcule les distances suivantes.

AB = …………………………… ; *BC* = …………………………….

CD = …………………………… ; *DA* = …………………………….

b. **Place les points *A, B, C* et *D* sur la droite graduée $x'x$.**

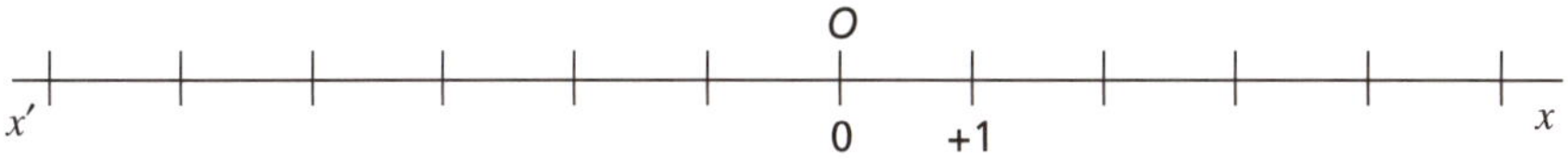

Vérifie avec une règle graduée les distances calculées à la question a.

Exercice 7

a. **Calcule en respectant les priorités de calcul indiquées par les crochets.**

[(+5) – (–7)] – (–8) = ………………… – (–8) = …………………………

(+5) – [(–7) – (–8)] = (+5) – ………………… = …………………………

[(–6,8) – (–9,1)] – (+4,4) = ……………… – (+4,4) = ……………………

(–6,8) – [(–9,1) – (+4,4)] = (–6,8) – ……………… = ……………………

[(+7,12) – (–3,25)] – (+8,35) = ……………… – (+8,35) = ………………

(+7,12) – [(–3,25) – (+8,35)] = (+7,12) – ……………… = ………………

b. **Vérifie avec ta calculatrice les six résultats précédents.**
Avec la calculatrice, il n'est pas nécessaire de mettre des parenthèses autour de chaque nombre relatif, mais il faut utiliser des parenthèses lorsque des crochets indiquent une priorité dans les opérations à effectuer.

Corrigés des exercices

Exercice 1

a. +6 ; +3. b. –6 ; –3. c. +12 ; +31. d. –12 ; –31.

Exercice 2

a. –4,9 ; +4,3. b. –6,1 ; –10,8. c. +15,1 ; +26,6. d. –7,2 ; –27,6.

Exercice 3

a. Ligne *a* – *b* : **–10,63 ; +11,02 ; +381,4 ; –73,7 ; +110 ; 0.**
Ligne *b* – *a* : **+10,63 ; –11,02 ; –381,4 ; +73,7 ; –110 ; 0.**
b. **Les différences *a* – *b* et *b* – *a* sont des nombres opposés** (ceci est général).

Exercice 4

b \ *a*	–5	+12	+125	+3,7	–7,6
+7	–12	+5	+118	–3,3	–14,6
–18	+13	+30	+143	+21,7	+10,4
+125	–130	–113	0	–121,3	–132,6
–1,8	–3,2	+13,8	+126,8	+5,5	–5,8
+7,6	–12,6	+4,4	+117,4	–3,9	–15,2

Exercice 5

a. Solution : **–40** car (–28) – (+12) = –40 ; vérification : (+12) + (–40) = –28.
b. Solution : **+3,9** car (+1,5) – (–2,4) = +3,9 ; vérification : (–2,4) + (+3,9) = +1,5.
c. Solution : **–5,8** car (–31,5) – (–25,7) = –5,8 ; vérification : (–25,7) + (–5,8) = –31,5.

Exercice 6

a. *AB* = (+4,5) – (–5,5) = **+10** ; *BC* = (+4,5) – (–2,5) = **+7** ;
CD = (+1,5) – (–2,5) = **+4** ; *DA* = (+1,5) – (–5,5) = **+7**.
b.

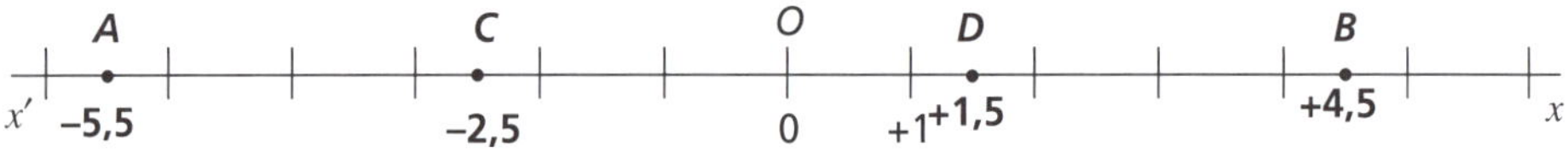

On mesure les distances : *AB* = 10 cm ; *BC* = 7 cm ; *CD* = 4 cm et *DA* = 7 cm.

Exercice 7

a. [(+5) – (–7)] – (–8) = **(+12)** – (–8) = **+20**.
(+5) – [(–7) – (–8)] = (+5) – **(+1)** = **+4**.
[(–6,8) – (–9,1)] – (+4,4) = **(+2,3)** – (+4,4) = **–2,1**.
(–6,8) – [(–9,1) – (+4,4)] = (–6,8) – **(–13,5)** = **+6,7**.
[(+7,12) – (–3,25)] – (+8,35) = **(+10,37)** – (+8,35) = **+2,02**.
(+7,12) – [(–3,25) – (+8,35)] = (+7,12) – **(–11,6)** = **+18,72**.
b. Avec la calculatrice, dans l'ordre : **+20** ; **+4** ; **–2,1** ; **+6,7** ; **+2,02** ; **+18,72**.

Séquences de calcul avec additions et soustractions

Notes

Je retiens le cours

1 Des notations simplifiées

▶ Tout nombre positif peut s'écrire sans parenthèses et sans signe +. Les parenthèses entourant un premier terme négatif peuvent être supprimées.

▶ Avec ces conventions, les égalités concernant les additions s'écrivent plus simplement.

(+7) + (+5) = +12 devient 7 + 5 = 12.

(–8) + (+6) = –2 devient –8 + 6 = –2.

(+9) + (–6) = +3 devient 9 + (–6) = 3.

(–8) + (–6) = –14 devient –8 + (–6) = –14.

▶ Il en est de même pour les égalités concernant les soustractions.

(+7) – (+5) = +2 devient 7 – 5 = 2.

(–8) – (+6) = –14 devient –8 – 6 = –14.

(+9) – (–6) = +15 devient 9 – (–6) = 15.

(–8) – (–6) = –2 devient –8 – (–6) = –2.

Ces conventions sont en accord avec ce qui est pratiqué avec une calculatrice.

2 Usage du tableur

▶ Une **feuille de calcul** est composée de **cellules** repérées par une lettre et un nombre.

Dans une cellule on peut saisir un nombre ou une formule.

Une formule débute toujours par le signe = suivi de l'opération à effectuer et des adresses des cellules concernées.

	A	B	C	D	E
1	2,4	7,5	–12	9,5	
2	–4,7	9	–4,5	17	
3					
4					

• Pour indiquer que l'on veut calculer dans la **cellule B3** la somme 7,5 + 9, on saisit dans cette cellule la **formule** : **=B1+B2** ; il s'affichera 16,5.

• Pour indiquer que l'on veut calculer dans la **cellule E1** la somme des quatre nombres de la ligne 1, on saisit dans cette cellule la **formule** : **=SOMME(A1:D1)** ; il s'affichera 7,4.

• Pour indiquer que l'on veut calculer dans la **cellule D4** la différence 9,5 – 17, on saisit dans cette cellule la **formule** : **=D1–D2** ; il s'affichera –7,5.

Je comprends comment faire

Interpréter une séquence de calcul

Soit S une séquence de calcul telle que $S = -15 + 7 - 24 + 29$.

On peut considérer que 15 ; 7 ; 24 et 29 sont des nombres positifs ; la séquence est une succession de soustractions et d'additions à condition de mettre 0 devant 15.

On a : $S = 0 - 15 + 7 - 24 + 29$.

Les calculs se font alors pas à pas, de la gauche vers la droite, comme le fait la calculatrice lorsqu'on tape cette séquence.

On trouve successivement : –15 ; –8 ; –32 et –3.

D'où : $S = -3$.

Effectue de même : $A = 3{,}2 - 4{,}9 + 6{,}8 - 6{,}1 + 10$.

On considère la séquence comme une suite d'additions et de soustractions sur des nombres positifs.

Pas à pas, on obtient successivement : –1,7 ; 5,1 ; –1 et 9.

D'où : $\boldsymbol{A = 9}$.

Remarque : on peut aussi considérer cette séquence comme une suite d'additions de nombres positifs et négatifs (voir exercice 1).

Corrigés p. 72

Je m'entraîne

Brouillon

Exercice 1

Soit S une séquence de calcul telle que $S = -15 + 7 - 24 + 29$.
On peut considérer S comme une suite d'additions car
$S = -15 + 7 + (-24) + 29$.
S est alors une somme de quatre termes : –15 ; 7 ; –24 et 29 dont on peut modifier l'ordre.
On peut, par exemple, regrouper les positifs en début de séquence puis ajouter séparément les positifs et les négatifs :
$S = 7 + 29 + (-15) + (-24)$; $S = 36 + (-39)$; $S = -3$.

Calcule de même chacune des séquences suivantes.

a. $A = 3{,}2 - 4{,}9 + 6{,}8 - 6{,}1 + 10$

$A =$ ....

b. $B = -14{,}9 + 9{,}8 - 8{,}1 + 12{,}6 - 15{,}4$

$B =$ ....

Exercice 2

Calcule, puis vérifie avec ta calculatrice.

a. $2{,}5 - 7{,}4 + 9{,}5 =$ ....

b. $2{,}5 - 7{,}4 + 9{,}5 - 14 =$ ....

c. $2{,}5 - 7{,}4 + 9{,}5 - 14 + 7{,}8 =$ ....

Exercice 3

Calcule en respectant la priorité indiquée par les parenthèses.

a. $2{,}5 - (7{,}4 + 9{,}5) =$ ....

b. $(2{,}5 - 7{,}4) + (9{,}5 - 14) =$ ....

c. $2{,}5 - (7{,}4 + 9{,}5) - (14 + 7{,}8) =$ ....

Brouillon

Exercice 4

On a saisi dans une feuille de calcul le nombre de visiteurs du lundi (colonne **A**) au samedi (colonne **F**) pendant les trois premières semaines d'une exposition.

	A	B	C	D	E	F
1	520	450	640	360	720	950
2	480	410	580	410	700	880
3	540	480	510	470	650	900
4	....	....	....	....	....	....
5	....	....	....	....	....	....

a. **Quelle formule faut-il saisir dans la cellule A4 pour obtenir le total des visiteurs le lundi ? Quels totaux obtient-on dans les cellules de A4 à F4 en copiant cette formule ?**

....

....

b. Dans la cellule **A5**, on a saisi la formule **=A3–A1**.

Quel nombre obtient-on ? ....

Que représente ce nombre ? ....

Complète la ligne 5 en utilisant cette formule (avec ou sans tableur).

Exercice 5

Soit S la séquence de calcul telle que $S = (a - b) - (c - d)$.
Si on remplace a par 27 ; b par –35 ; c par –29 et d par 41, on a :
$S = [27 - (-35)] - [-29 - 41]$.

a. **Calcule S.**

$27 - (-35) =$ .... ; $-29 - 41 =$ ....

$S =$ ....

b. **Calcule S avec $a = -12{,}5$; $b = 24{,}2$; $c = -31{,}8$ et $d = -9{,}7$.**

....

Exercice 6

Au golf, il est d'usage de noter la performance d'un joueur avec un nombre relatif en lien avec les 72 coups considérés comme l'objectif à atteindre ; +8 indique que le joueur a réalisé le parcours en 8 coups de plus (soit 80 coups) et –5 indique qu'il a réalisé le parcours en 5 coups de moins (soit 67 coups).
On a noté dans une feuille de calcul les performances de six joueurs (colonnes **A** à **F**) pendant les trois jours d'une compétition (lignes **2** à **4**).

	A	B	C	D	E	F
1	Ted	Ron	Bill	Jef	Don	Mic
2	–5	–4	+8	–6	+7	–8
3	+5	–3	–2	+2	+6	+1
4	–2	–5	+5	–4	+9	+8
5	....	....	....	....	....	....

a. **Quelle formule faut-il saisir dans la cellule A5, puis étendre vers la droite, pour obtenir le score final de chaque joueur ?**

....

Complète (avec ou sans tableur) la ligne 5 du tableau.

b. **Pour chacune des trois journées, puis pour l'ensemble de la compétition, range par ordre croissant les performances des joueurs, puis établis le classement.**

1er jour : –8 < –6 < .... < .... < .... < ....

Classement : 1er Mic ; 2e ....

2e jour : .... < .... < .... < .... < .... < ....

Classement : ....

3e jour : .... < .... < .... < .... < .... < ....

Classement : ....

Total final : .... < .... < .... < .... < .... < ....

Classement final : ....

Brouillon

Corrigés des exercices

Exercice 1

a. *A* est la somme de cinq termes : 3,2 ; –4,9 ; 6,8 ; –6,1 et 10.
Si on regroupe les termes positifs en début de séquence, on a :
$A = 3{,}2 + 6{,}8 + 10 - 4{,}9 - 6{,}1 = 20 - 11 = \mathbf{9}$.
En respectant l'ordre de la séquence, avec ou sans calculatrice, on trouve aussi 9.
b. De même $B = 9{,}8 + 12{,}6 - 14{,}9 - 8{,}1 - 15{,}4 = 22{,}4 - 38{,}4 = \mathbf{-16}$.

Exercice 2

a. Résultat final : **4,6**. b. Résultat final : **–9,4**. c. Résultat final : **–1,6**.

Exercice 3

a. $2{,}5 - (7{,}4 + 9{,}5) = 2{,}5 - 16{,}9 = \mathbf{-14{,}4}$.
b. $(2{,}5 - 7{,}4) + (9{,}5 - 14) = -4{,}9 + (-4{,}5) = \mathbf{-9{,}4}$.
c. $2{,}5 - (7{,}4 + 9{,}5) - (14 + 7{,}8) = 2{,}5 - 16{,}9 - 21{,}8 = \mathbf{-36{,}2}$.

Exercice 4

a. Dans la cellule **A4**, il faut saisir la formule **=A1+A2+A3**.
De **A4** à **F4**, on obtient respectivement : **1 540 ; 1 340 ; 1 730 ; 1 240 ; 2 070 ; 2 730**.
b. Avec la formule **=A3–A1** on obtient **20** dans la cellule **A5** ; 20 est **la variation de la fréquentation entre la première semaine et la troisième semaine.**
De **A5** à **F5**, on obtient respectivement : **20 ; 30 ; –130 ; 110 ; –70 ; –50**.
+20, +30 et +110 sont des augmentations. –130, –70 et –50 sont des diminutions.

Exercice 5

a. $27 - (-35) = \mathbf{62}$; $-29 - 41 = \mathbf{-70}$; $S = 62 - (-70) = \mathbf{132}$.
b. $S = [-12{,}5 - 24{,}2] - [-31{,}8 - (-9{,}7)] = -36{,}7 - (-22{,}1) = \mathbf{-14{,}6}$.

Exercice 6

a. Dans la cellule **A5**, il faut saisir la formule : **=A2+A3+A4** ou **=SOMME(A2:A4)**.
On obtient respectivement : **–2 ; –12 ; +11 ; –8 ; +22 ; +1**.
b. **1er jour : $-8 < -6 < -5 < -4 < +7 < +8$.**
Classement : 1er Mic (–8) ; **2e Jef (–6) ; 3e Ted (–5) ; 4e Ron (–4) ; 5e Don (+7) ; 6e Bill (+8).**

2e jour : $-3 < -2 < +1 < +2 < +5 < +6$.
Classement : **1er Ron (–3) ; 2e Bill (–2) ; 3e Mic (+1) ; 4e Jef (+2) ; 5e Ted (+5) ; 6e Don (+6).**

3e jour : $-5 < -4 < -2 < +5 < +8 < +9$.
Classement : **1er Ron (–5) ; 2e Jef (–4) ; 3e Ted (–2) ; 4e Bill (+5) ; 5e Mic (+8) ; 6e Don (+9).**

Total final : $-12 < -8 < -2 < +1 < +11 < +22$.
Classement final : **1er Ron (–12) ; 2e Jef (–8) ; 3e Ted (–2) ; 4e Mic (+1) ; 5e Bill (+11) ; 6e Don (+22).**

Partie 2

Gestion de données

Teste tes connaissances

Coche, pour chaque exercice, la (ou les) bonne(s) réponse(s).
Reporte-toi ensuite aux corrigés p. 76.

Leçon 11 page 77

1 Quatre nombres ont été effacés dans le tableau de proportionnalité suivant. Quels sont ces quatre nombres ?

7	3	10	13	26
63	....	....	....	....

a. 18 ; 60 ; 78 ; 156. ☐
b. 27 ; 90 ; 117 ; 234. ☐
c. 24 ; 80 ; 104 ; 208. ☐

2 Lequel des tableaux suivants est un tableau de proportionnalité ?

a. Tableau n° 1 ☐

3	4	7
2,1	3,1	6,1

b. Tableau n° 2 ☐

3	4	7
2,1	3,2	6,3

c. Tableau n° 3 ☐

3	4	7
2,1	2,8	4,9

Leçon 12 page 83

3 Dans le tableau de proportionnalité ci-dessous, le nombre *m* est égal à :

6	18	× *k*
14	*m*	

a. 42. ☐
b. 26. ☐
c. 35. ☐

4 Six œufs coûtent 2,40 € ; pour dix-huit œufs identiques, le coût sera de :

a. 12,40 €. ☐
b. 18,30 €. ☐
c. 7,20 €. ☐

Leçon 13 page 89

5 La longueur d'une maquette à l'échelle 1/200 d'un bateau long de 72 m est :

a. 36 cm. ☐
b. 3,6 cm. ☐
c. 0,36 cm. ☐

6 Sur une carte routière, une longue ligne droite de 3,2 km est représentée par un segment de 4 cm.

3,2 km

L'échelle de cette carte est :

a. 1/800. ☐
b. 1/8 000. ☐
c. 1/80 000. ☐

Leçon 14 page 95

7 Dans un collège, sur 25 délégués de classe, 60 % sont des filles. Parmi ces délégués, il y a donc :

a. 12 filles. ☐
b. 15 filles. ☐
c. 10 garçons. ☐

8 Pendant le mois d'avril il y a eu 24 jours de soleil dans une ville des Alpes du Sud. Cela représente un pourcentage de :

a. 55 %. ☐
b. 75 %. ☐
c. 80 %. ☐

9 **Lors des soldes, avec une remise de 40 %, un ordinateur portable est vendu 450 €.**
Avant les soldes, il coûtait :

a. 270 €. ☐
b. 900 €. ☐
c. 750 €. ☐

10 **On doit réduire de 25 % la longueur du segment [*MN*] ci-dessous.**

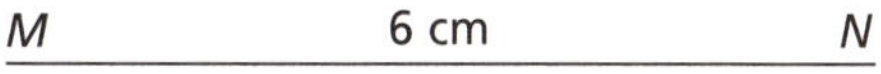

Après réduction, on obtient :

a. 

☐

b. 

☐

c. 

☐

Leçon 15 page 101

11 **Le diagramme en bâtons ci-dessous représente la répartition des 75 véhicules d'une entreprise de livraison.**

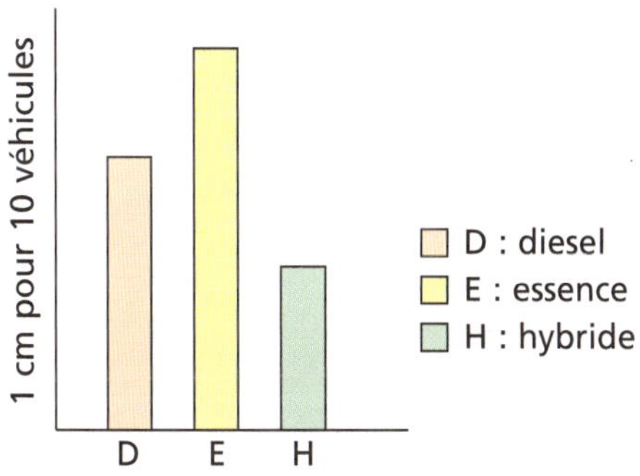

On en déduit qu'il y a :

a. 15 véhicules hybrides. ☐
b. 15 % de véhicules hybrides. ☐
c. 20 % de véhicules hybrides. ☐

12 **Le diagramme circulaire ci-dessous représente la répartition des arbres fruitiers d'un verger parmi lesquels on compte 20 poiriers et 40 pommiers.**

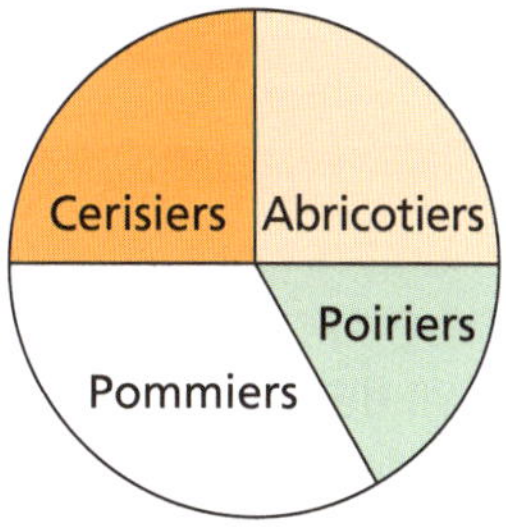

On en déduit qu'il y a :

a. 30 abricotiers. ☐
b. 25 % d'abricotiers. ☐
c. 1/3 de pommiers. ☐

Leçon 16 page 107

13 **Les lettres du mot « statistiques » constituent une série statistique de 12 lettres :**
s – t – a – t – i – s – t – i – q – u – e – s.
Les fréquences respectives des lettres *a*, *i* et *s* sont exactement :

a. 1 ; 2 et 3. ☐
b. $\frac{1}{12}$; $\frac{2}{12}$ et $\frac{3}{12}$. ☐
c. 8 % ; 16,7 % et 25 %. ☐

14 **Le tableau ci-dessous donne le nombre de médailles obtenues par les athlètes d'un pays aux JO.**

	Or	Argent	Bronze
Effectifs	8	10	22
Fréquences	20 %	25 %	....

Pour compléter la ligne « Fréquences » on doit écrire :

a. 22 %. ☐
b. 45 %. ☐
c. 55 %. ☐

15 Un élève a eu 3 fois la note 8, 4 fois la note 11 et 5 fois la note 14.
Sa moyenne est égale à :

a. 11,5. ☐
b. 11. ☐
c. 13,5. ☐

Leçon 17 page 113

16 On jette un dé parfaitement équilibré, on compte le nombre de points figurant sur la face supérieure.

La probabilité d'obtenir un nombre pair est égale à :

a. 1/4. ☐
b. 1/2. ☐
c. 3/6. ☐

17 Dans une urne, il y a quatre jetons bleus numérotés de 1 à 4 et trois jetons blancs numérotés de 1 à 3.

On tire au hasard un jeton.

La probabilité que ce soit un jeton blanc est égale à :

a. 1/3. ☐
b. 3/4. ☐
c. 3/7. ☐

La probabilité que le jeton porte un numéro pair est égale à :

d. 1/3. ☐
e. 3/4. ☐
f. 3/7. ☐

Corrigés

1. b – **2.** c – **3.** a – **4.** c – **5.** a – **6.** c – **7.** b et c – **8.** c – **9.** c – **10.** a – **11.** a et c – **12.** a, b et c – **13.** b – **14.** c – **15.** a – **16.** b et c – **17.** c et f.

Proportionnalité

Je retiens le cours

1 Tableau de proportionnalité

▸ Dans un tableau de proportionnalité, les nombres de la seconde ligne s'obtiennent en multipliant ceux de la première ligne par un coefficient constant *k* appelé coefficient de proportionnalité.

a	b	c	d	$\times k$
ka	kb	kc	kd	

ka, *kb*, *kc* et *kd* sont les **images** respectives de *a*, *b*, *c* et *d*.

▸ Si *c* est la somme de *a* et de *b*, alors l'image de *c* est égale à la somme de l'image de *a* et de l'image de *b* car $k(a + b) = ka + kb$.

▸ Si *d* est le produit de *a* par un nombre *m*, alors l'image de *d* est égale au produit de l'image de *a* par le même nombre *m* car $k \times (a \times m) = (k \times a) \times m$.

2 Partage proportionnel

Partager une quantité S en deux parts selon le ratio 2 : 3 (par exemple), c'est dire que les deux parts sont proportionnelles aux nombres 2 et 3.

Si on appelle *a* et *b* les deux parts, on a alors :

2	3	2 + 3	$\times k$
a	b	$a + b$	

$$\frac{a}{2} = \frac{b}{3} = \frac{a+b}{2+3} \text{ avec } a + b = S.$$

Ex. : **Deux employés doivent se partager une prime de 2 400 € dans le ratio 3 : 5.**

Soient *a* et *b* les parts (en euros) qu'ils doivent respectivement percevoir.

On a : $a + b = 2\,400$

$$k = \frac{a}{3} = \frac{b}{5} = \frac{2\,400}{8} = 300$$

3	5	8	$\times k$
a	b	2 400	

$a = 300 \times 3 = 900$; $b = 300 \times 5 = 1\,500$.

Les employés percevront respectivement 900 € et 1 500 €.

Notes

Notes

Je comprends comment faire

Utiliser les propriétés de la proportionnalité

On sait que le tableau suivant est un tableau de proportionnalité.

Calcule les termes qui ont été effacés.

3	2,5	5,5	9	$\times k$
4,8	....	....	....	

• Le coefficient de proportionnalité est 1,6 car 4,8 : 3 = 1,6.
Le correspondant de 2,5 est **4**, celui de 5,5 est **8,8** et celui de 9 est **14,4** car $2{,}5 \times 1{,}6 = 4$; $5{,}5 \times 1{,}6 = 8{,}8$ et $9 \times 1{,}6 = 14{,}4$.

3	2,5	5,5	9	$\times 1{,}6$
4,8	**4**	**8,8**	**14,4**	

• Pour calculer le correspondant de 5,5, on aurait pu remarquer que 5,5 est la somme de 3 et de 2,5 et dire que le correspondant de 5,5 est la somme de 4,8 et 4, soit 8,8.

• Pour calculer le correspondant de 9, on aurait pu remarquer que 9 est le triple de 3 et dire que le correspondant de 9 est le triple de 4,8 soit 14,4.

Partager une quantité en trois parts selon un ratio donné

Un maraîcher doit partager les 360 m^2 d'une serre en trois parts selon le ratio 2 : 3 : 5.

Quelle est l'aire de chacune de ces parts ?

Soient a, b et c les aires des trois parts.

Les nombres a, b et c sont proportionnels aux nombres 2, 3 et 5 ; on a : $2 + 3 + 5 = 10$ et $a + b + c = 360$.

2	3	5	10	$\times k$
a	b	c	360	

Le coefficient de proportionnalité k est tel que :

$$k = \frac{a}{2} = \frac{b}{3} = \frac{c}{5} = \frac{360}{10} = 36.$$

On en déduit : $a = 36 \times 2 = 72$; $b = 36 \times 3 = 108$; $c = 36 \times 5 = 180$.

Les trois parts ont respectivement pour aires 72 m^2 ; 108 m^2 et 180 m^2.

Corrigés p. 82

Je m'entraîne

Brouillon

Exercice 1

Complète chacun des tableaux de proportionnalité ci-dessous après avoir calculé le coefficient de proportionnalité.

4	5	6	7	8	9
32	....	....	....	....	....

× ....

4	4,1	4,2	4,3	4,4	4,5
3,6	....	....	....	....	....

× ....

Exercice 2

Dans le tableau de proportionnalité ci-dessous, le coefficient n'est pas un nombre décimal car la division de 25 par 7 ne se termine jamais.

7	21	35	49	63
25	....	....	....	....

× ....

On peut compléter ce tableau en remarquant que les nombres de la première ligne sont tous des multiples* de 7.

Complète chacune des phrases suivantes, puis complète la seconde ligne du tableau.

21 s'obtient en multipliant par .... le nombre 7 ;
l'image de 21 s'obtient en multipliant par .... le nombre 25 ;
on obtient : ....

35 s'obtient en multipliant par .... le nombre 7 ;
l'image de 35 s'obtient en multipliant par .... le nombre 25 ;
on obtient : ....

49 s'obtient en multipliant par .... le nombre 7 ;
l'image de 49 s'obtient en multipliant par .... le nombre 25 ;
on obtient : ....

63 s'obtient en multipliant par .... le nombre 7 ;
l'image de 63 s'obtient en multipliant par .... le nombre 25 ;
on obtient : ....

Brouillon

Exercice 3

Le prix à payer pour des baguettes de pain est proportionnel au nombre de baguettes achetées. Un client paie 1,90 € pour 2 baguettes et un autre paie 2,85 € pour 3 baguettes.

a. Léo affirme qu'il peut calculer le prix de 5 baguettes sans calculer le prix d'une baguette.

Explique comment il fait et indique combien il trouve.

....

Calcule de même le prix de 8 baguettes, puis de 13 baguettes.

....

b. **Complète le tableau de proportionnalité suivant.**

Nombre de baguettes	2	3	5	8	13
Coût (€)	....	....	....	....	....

Exercice 4

Un transporteur doit partager 5 400 kg de fret en deux ou trois parts. Il envisage plusieurs ratios possibles.

a. **Quelle est la masse de chaque part si le partage est fait en deux parts selon le ratio 1 : 3 ?**

....

....

b. **Quelle est la masse de chaque part si le partage est fait en trois parts selon le ratio 1 : 3 : 5 ?**

....

....

c. **Quelle serait la masse de chacune des trois parts si le partage était fait selon le ratio 2 : 6 : 10 au lieu du ratio 1 : 3 : 5 ?**

....

....

Brouillon

Exercice 5

On sait que 1 h = 60 min et que 1 min = 60 s.

a. **Complète les tableaux de proportionnalité suivants.**

Durée (h)	1	1,5	2,4	3	3,2
Durée (min)	....	....	....	....	....

Durée (min)	1	10	15	20	25
Durée (s)	....	....	....	....	....

b. **Complète les tableaux de proportionnalité suivants.**

Durée (min)	60	120	180	300	480
Durée (h)	....	....	....	....	....

Durée (s)	60	180	240	420	600
Durée (min)	....	....	....	....	....

Exercice 6

a. Dans un bureau de change, on lit : 1 euro = 1,08 dollar (monnaie des États-Unis).

Complète le tableau de proportionnalité donnant la valeur en dollars des billets usuels.

Valeur (euros)	5	10	20	50	100
Valeur (dollars)	....	....	....	....	....

b. Dans un bureau de change, on lit : 1 euro = 65 roubles (monnaie de la Russie).

Complète le tableau de proportionnalité donnant la valeur en roubles des billets usuels.

Valeur (euros)	5	10	20	50	100
Valeur (roubles)	....	....	....	....	....

Corrigés des exercices

Exercice 1

Le coefficient est 8 car 32 : 4 = 8.

4	5	6	7	8	9
32	**40**	**48**	**56**	**64**	**72**

× **8**

Le coefficient est 0,9 car 3,6 : 4 = 0,9.

4	4,1	4,2	4,3	4,4	4,5
3,6	**3,69**	**3,78**	**3,87**	**3,96**	**4,05**

× **0,9**

Exercice 2

Pour 21, on complète dans l'ordre avec **3** ; **3** et **75**.
Pour 35, on complète dans l'ordre avec **5** ; **5** et **125**.
Pour 49, on complète dans l'ordre avec **7** ; **7** et **175**.
Pour 63, on complète dans l'ordre avec **9** ; **9** et **225**.
On complète la seconde ligne du tableau avec **75** ; **125** ; **175** et **225**.

Exercice 3

a. Le prix est proportionnel au nombre de baguettes : en ajoutant le prix de 2 baguettes et celui de 3 baguettes, on trouve le prix de 5 baguettes, soit **4,75 €** car 2 + 3 = 5 et 1,90 + 2,85 = 4,75 ;
– pour 8 baguettes (8 = 3 + 5), on doit payer **7,60 €** car 2,85 + 4,75 = 7,60 ;
– pour 13 baguettes (13 = 8 + 5), on doit payer **12,35 €** car 7,60 + 4,75 = 12,35.

b.

Nombre de baguettes	2	3	5	8	13
Coût (€)	**1,90**	**2,85**	**4,75**	**7,60**	**12,35**

Exercice 4

a. Si a et b sont les masses cherchées, on a : $\frac{a}{1} = \frac{b}{3} = \frac{5\,400}{4} = 1\,350$.
D'où : **a = 1 350 kg et b = 4 050 kg** car 1 350 × 3 = 4 050.

b. Si a, b et c sont les masses cherchées, on a : $\frac{a}{1} = \frac{b}{3} = \frac{c}{5} = \frac{5\,400}{9} = 600$.
D'où : **a = 600 kg, b = 1 800 kg et c = 3 000 kg** car 600 × 3 = 1 800 et 600 × 5 = 3 000.

c. On aurait : $\frac{a}{2} = \frac{b}{6} = \frac{c}{10} = \frac{5\,400}{18} = 300$; **a = 600 kg ; b = 1 800 kg et c = 3 000 kg**.

Exercice 5

a.

Durée (h)	1	1,5	2,4	3	3,2
Durée (min)	**60**	**90**	**144**	**180**	**192**

Durée (min)	1	10	15	20	25
Durée (s)	**60**	**600**	**900**	**1200**	**1500**

b.

Durée (min)	60	120	180	300	480
Durée (h)	**1**	**2**	**3**	**5**	**8**

Durée (s)	60	180	240	420	600
Durée (min)	**1**	**3**	**4**	**7**	**10**

Exercice 6

a. b.

Valeur (euros)	5	10	20	50	100
Valeur (dollars)	**5,4**	**10,8**	**21,6**	**54**	**108**
Valeur (roubles)	**325**	**650**	**1300**	**3250**	**6500**

Quatrième proportionnelle

Je retiens le cours

Notes

1 Quatrième proportionnelle

Dans un tableau de proportionnalité à quatre nombres, lorsque trois nombres sont connus et qu'on cherche le quatrième, on dit que l'on calcule une **quatrième proportionnelle**.

a	b
c	x

$\times k$

Suivant le cas, on peut calculer le nombre inconnu de diverses façons.

▸ Calculer le coefficient de proportionnalité

Le coefficient k est tel que $k = \dfrac{c}{a}$; par suite $x = b \times \dfrac{c}{a}$.

▸ Utiliser une des propriétés des relations de proportionnalité

Si on remarque que b s'obtient en multipliant a par un nombre n, on en déduit que x s'obtient en multipliant c par le **même** nombre n.

On a : $n = \dfrac{b}{a}$ et $x = c \times \dfrac{b}{a}$.

$\times n$

a	b
c	x

$\times n$

▸ Utiliser une propriété des égalités de quotients

On sait que l'on a un tableau de proportionnalité.

$k = \dfrac{c}{a} = \dfrac{x}{b}$; d'où : $\dfrac{c \times b}{a \times b} = \dfrac{a \times x}{a \times b}$

(on écrit les quotients avec le même dénominateur).

a	b
c	x

$\times k$

Donc : $c \times b = a \times x$ (deux quotients égaux ayant le même dénominateur ont le même numérateur). On en déduit : $x = \dfrac{c \times b}{a}$.

▸ Quelle que soit la méthode de calcul, on dit que l'on calcule une quatrième proportionnelle.

Je comprends comment faire

Notes

Bien choisir la méthode

On sait que chacun des tableaux suivants est un tableau de proportionnalité. Calcule la quatrième proportionnelle par la méthode de ton choix.

Tableau 1

0,7	1,2
6,3	x

Tableau 2

6	6,3
1,4	x

Tableau 1 Le coefficient de proportionnalité est égal à 9 car $\frac{6,3}{0,7} = \frac{63}{7} = 9$; d'où : $x = 1,2 \times 9$; x = **10,8**.

Tableau 2 Le coefficient n'est pas un nombre décimal ($\frac{1,4}{6} = 0,2333...$)

On remarque que $\frac{6,3}{6} = 1,05$ d'où $6,3 = 6 \times 1,05$.

Par suite, on a : $x = 1,4 \times 1,05$; x = **1,47**.

Utiliser la « règle de trois »

Au marché, un sac de 7 kg de pommes est vendu au prix de 8,75 €.
À ce tarif, combien doit-on payer pour 4 kg de pommes ?

Pour 7 kilogrammes de pommes, on devrait payer 8,75 €.

Pour 1 kilogramme de pommes, on devrait payer 1,25 € car 8,75 : 7 = 1,25.

Pour 4 kilogrammes de pommes, on devrait payer 5 € car 1,25 × 4 = 5.

4 kg de pommes coûtent 5 €.

Remarque : cette façon de calculer est appelée « **règle de trois** ».

: 7 ; × 4

Quantité de pommes (kg)	7	1	4
Prix (€)	8,75	1,25	5

: 7 ; × 4

La première des deux étapes constitue le « passage à l'unité » car 1,25 € est le prix d'un kilogramme de pommes (c'est aussi le coefficient de proportionnalité).

Corrigés p. 88

Je m'entraîne

Brouillon

Exercice 1

Calcule la quatrième proportionnelle dans chacun des tableaux de proportionnalité suivants, en utilisant le coefficient de proportionnalité.

a.

15	100
45	....

b.

1,2	100
6	....

a. Coefficient de proportionnalité : ....

Quatrième proportionnelle : ....

b. Coefficient de proportionnalité : ....

Quatrième proportionnelle : ....

Exercice 2

Calcule *m* dans chacun des tableaux de proportionnalité suivants, sans utiliser le coefficient de proportionnalité.

a.

15	60
50	m

b.

1,2	120
2,9	m

a. On remarque que $15 \times 4 = 60$; on en déduit : ....

b. ....

Exercice 3

Calcule la quatrième proportionnelle en utilisant la méthode de ton choix.

Tableau 1

2,4	4,8
1,9	x

Tableau 2

2,1	4,5
6,3	x

Brouillo

Exercice 4

Dans une recette de cuisine pour 6 personnes, on doit utiliser 150 g de farine. On admet que la quantité de farine doit être proportionnelle au nombre de personnes.

a. **Complète le tableau de proportionnalité donnant la quantité de farine nécessaire pour 9 personnes.**

Nombre de personnes	6	1	9
Quantité de farine (g)	150	....	....

(flèches : ...... ; ...... ; ...... ; ......)

Comment s'appelle la propriété utilisée dans ce tableau ?

....

b. Léa a multiplié 150 par 9, puis divisé le produit par 6.

Quelle propriété a-t-elle utilisée ? Combien a-t-elle trouvé ?

....

Exercice 5

Sur certains parcours, à vitesse stabilisée, la distance parcourue par un train est proportionnelle à la durée du trajet (on dit que le train est animé d'un mouvement uniforme).

a. Un train a parcouru à vitesse stabilisée 75 km en 18 min.

Quelle distance a-t-il parcourue pendant les 7 dernières minutes ?

Durée (min)	18	7
Distance (km)	75	x

....

b. Un train a parcouru à vitesse stabilisée 43 km en 11 min.

Combien mettra-t-il pour parcourir 82 km à la même vitesse ?

Durée (min)	11	x
Distance (km)	43	82

....

Brouillon

Exercice 6

Le coût de la main-d'œuvre dans un garage est proportionnel à la durée nécessaire pour effectuer un travail. On lit sur une facture que pour 2,5 h de travail le coût hors taxe de la main-d'œuvre s'élève à 90 €.

a. **Combien aurait coûté la main-d'œuvre pour le même type de travail si l'intervention avait duré 2,1 h ?**

Durée (h)	2,5	2,1
Coût (€)	90	x

....

b. **Combien a duré une réparation du même type sachant que le coût de la main-d'œuvre s'élève à 64,80 € ?**

Durée (h)	2,5	x
Coût (€)	90	64,8

....

Exercice 7

Pour un plein de 42 L de carburant, une automobiliste a payé 65,10 €.

a. **Combien aurait-elle payé si elle n'avait mis que 25 L de ce carburant ?**

Quantité (L)	42	25
Coût (€)	65,10	x

....

b. **Combien peut-elle mettre de carburant si elle ne possède qu'un billet de 20 € ?**

Quantité (L)	42	x
Coût (€)	65,10	20

....

Exercice 8

Jo affirme que si un enfant de 12 ans mesure 1,20 m, une règle de trois permet de calculer la taille qu'il atteindra à 18 ans.

Que peut-on en déduire ?

....

Corrigés des exercices

Exercice 1

a. Coefficient de proportionnalité : **3** ; quatrième proportionnelle : **300**.
b. Coefficient de proportionnalité : **5** ; quatrième proportionnelle : **500**.

Exercice 2

a. On remarque que $15 \times 4 = 60$; on en déduit que $m = 50 \times 4$; $\boldsymbol{m = 200}$.
b. On remarque que $1{,}2 \times 100 = 120$; on en déduit que $m = 2{,}9 \times 100$; $\boldsymbol{m = 290}$.

Exercice 3

Tableau 1 4,8 est le double de 2,4 ; d'où : $x = 1{,}9 \times 2 = \mathbf{3{,}8}$.

Tableau 2 Coefficient : $\frac{6{,}3}{2{,}1} = \frac{63}{21} = 3$; d'où : $x = 4{,}5 \times 3 = \mathbf{13{,}5}$.

Exercice 4

a. On complète la seconde ligne avec **25** et **225** (225 g pour 9 personnes).
On a fait une règle de trois avec retour à l'unité.

b. L'égalité $\frac{\mathbf{150}}{\mathbf{6}} = \frac{x}{\mathbf{9}}$ donne $\mathbf{150 \times 9 = 6} \times x$, puis $x = \frac{150 \times 9}{6}$; $\boldsymbol{x = 225}$.

Exercice 5

a. En 18 min il parcourt 75 km ; en 1 min il parcourt $\frac{75}{18}$ km ;
en 7 min, il parcourt $7 \times \frac{75}{18}$ km **soit** $\frac{\mathbf{525}}{\mathbf{18}}$ **km (environ 29 km).**

b. Pour parcourir 43 km il met 11 min ; pour parcourir 1 km, il met $\frac{11}{43}$ min ;
pour parcourir 82 km, il met $82 \times \frac{11}{43}$ min **soit** $\frac{\mathbf{902}}{\mathbf{43}}$ **min (environ 21 min).**

Exercice 6

a. Le coefficient est égal à 36 car $90 : 2{,}5 = 36$; d'où : x **= 75,6 (soit 75,60 €).**

b. Le coefficient est égal à 36 ; $x \times 36 = 64{,}8$; d'où : $x = \frac{64{,}8}{36}$; $\boldsymbol{x = 1{,}8}$.

1,8 h = 1 h 48 min car $1{,}8 \times 60 = 108$ et $108 = 1 \times 60 + 48$.

Exercice 7

a. 42 L coûtent 65,10 € ; 1 L coûte 1,55 € car $65{,}1 : 42 = 1{,}55$;
25 L coûtent 38,75 € car $1{,}55 \times 25 = 38{,}75$.
b. 1 L coûte 1,55 €, avec **20 € on obtient environ 13 L** car $20 : 1{,}55 \approx 13$.

Exercice 8

On peut en déduire que Jo est un farceur car la taille d'une personne n'est pas proportionnelle à son âge.

Échelle

Je retiens le cours

1 Échelle d'une carte ou d'un plan

Par convention, les dimensions sur une carte ou sur un plan sont proportionnelles aux dimensions réelles.

Lorsque les dimensions réelles et les dimensions sur la carte (ou le plan) sont exprimées avec la même unité, le coefficient de proportionnalité s'appelle l'**échelle de la carte (ou du plan)**.

$$\text{Échelle} = \frac{\text{dimension sur la carte}}{\text{dimension réelle}}$$

Ex. : • On sait que l'échelle d'une carte est 1/200000 ; il s'agit d'une réduction.

Cela signifie que 1 cm sur la carte représente 200000 cm (soit 2 km) dans la réalité.

Dimension réelle (cm)	200 000	1 200 000
Dimension réduite (cm)	1	6

× 1/200 000

Une distance de 12 km (soit 1200000 cm) est représentée par un segment de 6 cm car $1\,200\,000 \times \frac{1}{200\,000} = 6$.

Pour une réduction, l'échelle est inférieure à 1 ; on la note si possible avec une fraction de numérateur 1.

• On sait qu'un être microscopique est représenté dans un livre de biologie à l'échelle 5000/1 par un disque de 7,5 cm de diamètre. Il s'agit d'un agrandissement.

Cela signifie que 5000 unités sur le schéma représentent 1 unité dans la réalité.

Dimension réelle (cm)	1	0,0015
Dimension agrandie (cm)	5000	7,5

× 5000

La dimension réelle de cet être microscopique est de 0,0015 cm car 7,5 : 5000 = 0,0015.

Pour un agrandissement, l'échelle est supérieure à 1 ; on la note si possible avec une fraction de dénominateur 1.

Notes

Notes

Je comprends comment faire

Utiliser une échelle donnée

Sur une carte routière, l'échelle indiquée est 1 : 250000.

1° Explique ce que cela signifie.

2° On mesure sur cette carte la distance « à vol d'oiseau » entre Roanne et Saint-Étienne. On trouve 28 cm.

Quelle est la distance réelle « à vol d'oiseau » entre ces deux villes ?

1° Dire que l'échelle est 1 : 250000 ou 1/250000 signifie qu'à 1 unité de longueur sur la carte il correspond 250000 unités semblables dans la réalité.

Dans cet exemple, **1 cm sur la carte représente 250000 cm dans la réalité**.

2° En prenant le centimètre comme unité, si on appelle *d* la distance réelle « à vol d'oiseau », on a :

Dimension réelle (cm)	250000	*d*
Dimension sur la carte (cm)	1	28

× 1/250 000

1 cm représente 250 000 cm ; 28 cm représentent 28 × 250 000 cm soit 7 000 000 cm, c'est-à-dire 70 000 m ou **70 km.**

La distance « à vol d'oiseau » entre Roanne et Saint-Étienne est 70 km.

Calculer une échelle

Sur le plan d'une forêt en Sologne, une allée de 3,5 km de long est représentée par un segment de 7 cm de long.
Quelle est l'échelle de ce plan ?

On convertit la distance réelle en centimètres.

3,5 km = 3500 m = 350000 cm.

Dimension réelle (cm)	350000	x
Dimension sur la carte (cm)	7	1

7 cm représentent 350 000 cm ; 1 cm représente 50 000 cm car 350 000 : 7 = 50 000 ; **l'échelle est 1/50 000**.

Remarque : Sur cette carte, 1 cm représente 50 000 cm soit 500 m.

L'échelle est parfois notée sur le plan de la manière suivante :

1 cm pour 500m ou, de façon plus imagée, 500 m ⟝⟞.

Corrigés p. 94

Je m'entraîne

Exercice 1

Un terrain rectangulaire de 40 m de long et 25 m de large doit être représenté sur un plan à l'échelle 1/200.

Complète le tableau de proportionnalité ci-dessous, puis calcule l'aire de ce terrain dans la réalité et sur le plan.

		Longueur	Largeur
Dimension réelle (cm)	200	....	....
Dimension sur le plan (cm)	1	....	....

....

....

Exercice 2

Sur une carte routière, la route reliant Nantes à Rennes est représentée par un segment de 5 cm. Au départ de Nantes, un panneau indique : « Rennes 100 km ».

Complète le tableau de proportionnalité ci-dessous, puis coche la bonne réponse.

Dimension réelle (cm)	....	....
Dimension sur la carte (cm)	5	1

L'échelle de cette carte est :

1/20. ☐ 1/2000. ☐ 1/2000000. ☐

Exercice 3

Sur le plan à l'échelle 1/500 d'une usine, un atelier est représenté par un rectangle de 9,6 cm de long.

Complète le tableau de proportionnalité ci-dessous, puis coche la bonne réponse.

Dimension réelle (cm)	500	....
Dimension sur le plan (cm)	1	....

La longueur de cet atelier est en réalité de :

9,6 m. ☐ 4,8 m. ☐ 4800 cm. ☐

Brouillon

Brouillo

Exercice 4

Dans un livre d'astronomie, on apprend que le rayon de la planète Saturne est égal à 60 000 km. Cette planète est représentée par un disque de rayon 12 cm.

Quelle est l'échelle de cette représentation ?

....

....

....

....

Exercice 5

Dans un livre de biologie, un grain de pollen de 0,01 mm de diamètre est représenté par un disque de diamètre 2 cm.

Quelle est l'échelle de cette représentation ?

....

....

....

....

Exercice 6

L'échelle d'un plan est parfois indiquée par un segment au-dessus duquel est notée la distance représentée.
Après avoir mesuré la longueur du segment, on peut connaître l'échelle du plan.

Calcule l'échelle du plan dans chacun des cas suivants.

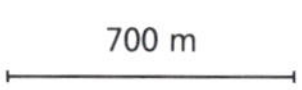

Échelle : ....

Échelle : ....

Échelle : ....

Brouillon

Exercice 7

La longueur, la largeur et la hauteur d'une voiture compacte sont respectivement 4,37 m, 1,79 m et 1,49 m.

Quelles sont les dimensions d'une maquette de ce véhicule à l'échelle 1/24 ?

....

....

....

....

....

Exercice 8

Sur une carte de géographie à l'échelle 1/2 500 000, la distance en ligne droite entre Nice et Calvi est égale à 6,5 cm.

Quelle est la distance réelle, en ligne droite, entre ces deux villes ?

....

....

....

....

Corrigés des exercices

Exercice 1

En réalité : longueur : 40 m = **4000 cm** ; largeur : 25 m = **2500 cm**.

Sur le plan : longueur : **20 cm** ; largeur : **12,5 cm**

car $4000 \times \frac{1}{200} = 20$; $2500 \times \frac{1}{200} = 12,5$.

Aire réelle : 40 m × 25 m = **1000 m²** ; aire sur le plan : 20 cm × 12,5 cm = **250 cm²**.

Exercice 2

100 km = 100000 m = 10000000 cm.
5 cm représentent **10000000 cm** ; 1 cm représente 5 fois moins, soit 2000000 cm.
L'échelle de cette carte est **1/2000000**.

Exercice 3

1 cm représente 500 cm ; 9,6 cm représentent **4 800 cm** soit 48 m.

Exercice 4

12 cm représentent 60000 km, soit 6000000000 cm ; 1 cm représente 12 fois moins, soit 500000000 cm car 6000000000 : 12 = 500000000.
L'échelle de cette représentation est **1/500000000**.

Exercice 5

2 cm = 20 mm.

Dimension réelle (mm)	0,01	1
Dimension agrandie (mm)	20	x

On a : $x = \frac{20 \times 1}{0,01}$; $x = 2\,000$. L'échelle de cette représentation est **2 000/1.**

Exercice 6

Longueur du segment : 2 cm ; 700 m = 70000 cm ; échelle : **2/70000 ou 1/35000.**
Longueur du segment : 2 cm ; 3 km = 300000 cm ; échelle : **2/300000 ou 1/150000.**
Longueur du segment : 4 cm ; 3 km = 300000 cm ; échelle : **4/300000 ou 1/75000.**

Exercice 7

4,37 m = 437 cm ; 1,79 m = 179 cm ; 1,49 m = 149 cm.

$437 \times \frac{1}{24} \approx 18,2$; $179 \times \frac{1}{24} \approx 7,5$; $149 \times \frac{1}{24} \approx 6,2$; soit **18,2 cm ; 7,5 cm et 6,2 cm**.

Exercice 8

L'échelle est 1/2500000 cm ; 1 cm représente 2500000 cm, soit 25 km.
6,5 cm représentent 162,5 km car 6,5 × 25 = 162,5.
Soit 162,5 km entre Nice et Calvi d'après cette carte.

Pourcentage

Je retiens le cours

Notes

1 Exprimer un résultat en pourcentage

Exprimer un résultat en pourcentage facilite les comparaisons en ramenant tous les effectifs à 100.

Ex. : On considère **une situation réelle** : une classe de 28 élèves dans laquelle 18 élèves ont eu plus de dix à un devoir.

On imagine une **situation fictive** : si la classe avait 100 élèves, **« en conservant les proportions »**, quel serait le nombre de ceux qui auraient eu plus de dix à ce devoir ?

On a un **tableau de proportionnalité** :

LE TOUT (effectif total)	28	100
LA PARTIE (effectif partiel)	18	t
	Situation réelle	Situation fictive

Le coefficient de proportionnalité est $\frac{18}{28}$; $t = 100 \times \frac{18}{28} = \frac{1\,800}{28} \approx 64$.

On dit : « Soixante-quatre pour cent des élèves ont eu plus de dix à ce devoir. »

On écrit : « 64 % des élèves ont eu plus de dix à ce devoir. »

64 % est le **pourcentage** des élèves qui ont eu plus de dix à ce devoir.

64 %, c'est plus que 60 % et c'est moins que 70 %.

2 Appliquer un pourcentage

Prendre t % d'une quantité, c'est multiplier cette quantité par $\frac{t}{100}$.

Ex. : 20 % de 45 € c'est 9 € car $45 \times \frac{20}{100} = 9$.

35 % de 25 640 habitants c'est 8 974 personnes

car $25\,640 \times \frac{35}{100} = 8\,974$.

Notes

Je comprends comment faire

Calculer un pourcentage pour comparer

Dans chacune des représentations ci-dessous, on a un ensemble de carreaux dont une partie est colorée.

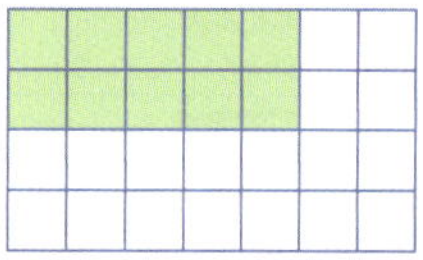

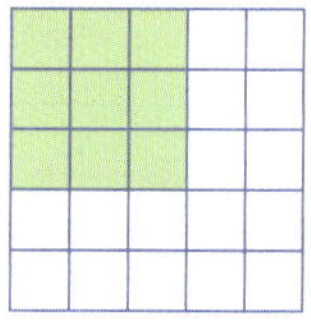

Compare les pourcentages des carreaux colorés dans les deux représentations.

Dans chaque cas, on imagine un ensemble de 100 carreaux et on calcule combien seraient colorés « en conservant les proportions ».

Rectangle de gauche :

Effectif total	28	100
Effectif partiel	10	t

Situation réelle (10) — Situation fictive (t)

Le coefficient de proportionnalité est $\frac{10}{28}$.

$t = 100 \times \frac{10}{28} = \frac{1\,000}{28} \approx 35,7$.

35,7 % de carreaux sont colorés.

Carré de droite :

Effectif total	25	100
Effectif partiel	9	t'

Situation réelle (9) — Situation fictive (t')

Le coefficient de proportionnalité est $\frac{9}{25}$.

$t' = 100 \times \frac{9}{25} = \frac{900}{25} = 36$.

36 % de carreaux sont colorés.

Dans le rectangle de gauche, le pourcentage des carreaux colorés est inférieur à celui du carré de droite car 35,7 < 36.

Appliquer un pourcentage

La superficie de l'Europe est d'environ 10 200 000 km² et celle de l'Afrique est d'environ 30 300 000 km². La forêt représente environ 30 % de la superficie en Europe comme en Afrique. Quelle est la superficie de forêt en Europe et en Afrique ?

La superficie de la forêt est de 3 060 000 km² en Europe et de 9 090 000 km² en Afrique car :

$10\,200\,000 \times \frac{30}{100} = 3\,060\,000$ et $30\,300\,000 \times \frac{30}{100} = 9\,090\,000$.

Corrigés p. 100

Je m'entraîne

Brouillon

Exercice 1

Une enquête montre que la bande dessinée est la lecture préférée de 55 % des collégiens.

a. **Que signifie « 55 % » ?**

....

b. **D'après cette enquête, donne le nombre de collégiens disant préférer lire des BD parmi les 640 élèves d'un collège.**

....

Exercice 2

Une enquête montre que, sur 4 700 000 instruments de musique vendus chaque année, environ 420 000 sont des pianos et 180 000 des guitares.

Calcule le pourcentage par rapport au total pour chacun de ces instruments.

....

....

Exercice 3

Lorsqu'on dépose pendant une année une somme appelée « capital » sur un livret d'épargne, on reçoit en fin d'année une somme appelée « intérêt » qui dépend d'un pourcentage fixé à l'avance appelé « taux d'intérêt ».

Par exemple, si on place 240 € au taux de 1,5 %, on reçoit en fin d'année un intérêt annuel de 3,60 € car $240 \times \frac{1,5}{100} = 3,6$.

Complète le tableau suivant.

Capital (€)	240	240	480	480
Taux	1,5 %	3 %	0,75 %	3 %
Intérêt annuel (€)	3,60	....	....	....

Exercice 4

On veut réduire de 10 % les dimensions du rectangle ci-contre.

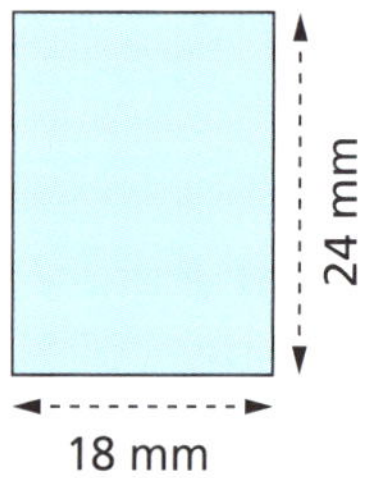

a. **Calcule les dimensions du rectangle réduit.**

....

....

b. **Coche la bonne affirmation et justifie ta réponse.**

Le périmètre du rectangle a été réduit de 5 % ☐ 10 % ☐ 20 % ☐.

....

....

Exercice 5

Sur le flanc des pneumatiques d'une automobile, on peut lire : **225/45 Z 17**. Le premier nombre indique la largeur (en mm) de la bande de roulement du pneu, le deuxième indique, en pourcentage de la largeur, la hauteur du pneu. Dans cet exemple, la hauteur est de 101,25 mm car 45 % de 225 c'est 101,25.

Calcule la hauteur pour des pneus sur lesquels on peut lire :

195/50 : ....

165/65 : ....

135/70 : ....

Exercice 6

Sur les 80 min d'un match de rugby, on a noté qu'une équipe a joué pendant 55 % du temps dans le camp adverse.
Pendant un match de football, on a constaté que le meneur de jeu a réussi 84 % des 75 passes qu'il a effectuées.
Pendant un match de handball, le gardien de but a arrêté 40 % des 55 tirs de l'adversaire.

Que peut-on déduire de chacune de ces informations ?

....

....

....

Brouillo

Exercice 7

Chacun des carrés ci-dessous est constitué de carreaux de même dimension. Les carreaux dont un des côtés fait partie du périmètre sont colorés.

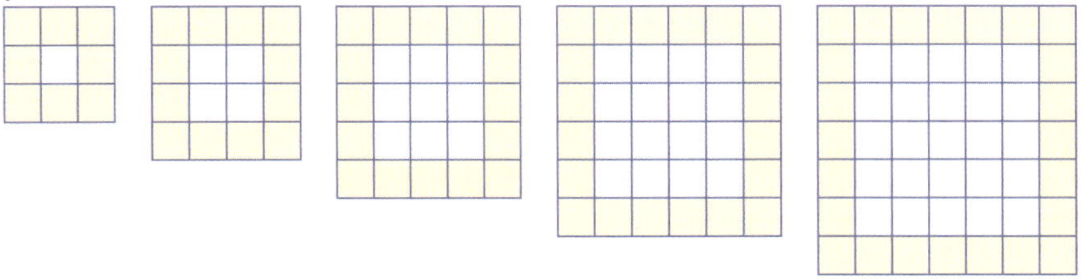

a. Pour le premier carré, il y a 3 carreaux sur chaque côté et 8 carreaux sur 9 sont colorés.

Vérifie que le pourcentage des carreaux colorés par rapport au nombre total de carreaux est proche de 89 % (résultat arrondi à l'unité).

....

....

b. **Complète le tableau ci-dessous.**

Nombre de carreaux sur un côté du carré	3	4	5	6	7
Pourcentage des carreaux colorés dans chaque carré	89 %	....	....	....	....

c. Pour un carré, si on appelle n le nombre de carreaux sur un côté, le pourcentage des carreaux colorés est donné par la formule $\frac{4(n-1)}{n^2} \times 100$.

Vérifie que cette formule confirme les résultats du tableau précédent, puis calcule le pourcentage lorsque $n = 8$.

....

....

Brouillon

Corrigés des exercices

Exercice 1

a. 55 % signifie que, **sur une population de 100 collégiens, 55 préfèrent lire des BD**.

b. $640 \times \frac{55}{100} = 640 \times 0{,}55 = 352$. **352 des 640 collégiens disent préférer lire des BD.**

Exercice 2

Instruments	4 700 000	100
Pianos	420 000	x

Instruments	4 700 000	100
Guitares	180 000	x

Coefficient : $\frac{420\,000}{4\,700\,000}$ soit $\frac{42}{470}$; $x = 100 \times \frac{42}{470}$; **soit environ 8,9% de pianos.**

Coefficient : $\frac{180\,000}{4\,700\,000}$ soit $\frac{18}{470}$; $x = 100 \times \frac{18}{470}$; **soit environ 3,8% de guitares.**

Exercice 3

Capital (€)	240	240	480	480
Taux	1,5 %	3 %	0,75 %	3 %
Intérêt annuel (€)	3,60	**7,20**	**3,60**	**14,40**

Exercice 4

a. **Longueur : 21,6 mm** car $24 \times \frac{10}{100} = 2{,}4$ et $24 - 2{,}4 = 21{,}6$.

Largeur : 16,2 mm car $18 \times \frac{10}{100} = 1{,}8$ et $18 - 1{,}8 = 16{,}2$.

b. Périmètre initial : 84 mm. Périmètre réduit : 75,6 mm car $2(21{,}6 + 16{,}2) = 75{,}6$.
Soit une réduction de 8,4 mm car $84 - 75{,}6 = 8{,}4$.

Le périmètre a été réduit de 10 % car $84 \times \frac{10}{100} = 8{,}4$.

Exercice 5

50 % de 195 c'est 97,5 car $195 \times 0{,}50 = 97{,}5$; **hauteur du pneu : 97,5 mm**.
65 % de 165 c'est 107,25 car $165 \times 0{,}65 = 107{,}25$; **hauteur du pneu : 107,25 mm**.
70 % de 135 c'est 94,5 car $135 \times 0{,}70 = 94{,}5$; **hauteur du pneu : 94,5 mm**.

Exercice 6

55 % de 80 min, c'est **44 min** car $80 \times 0{,}55 = 44$.
84 % de 75 passes, c'est **63 passes réussies** car $75 \times 0{,}84 = 63$.
40 % de 55 tirs, c'est **22 tirs arrêtés** car $55 \times 0{,}40 = 22$.

Exercice 7

a. $8 : 9 \approx 0{,}89$; $0{,}89 = \frac{89}{100}$ soit **environ 89 %**.

b. On complète la seconde ligne du tableau avec : **75 % ; 64 % ; 56 %** et **49 %**.

c. Avec la formule on retrouve les résultats du tableau : **75% ; 64% ; 56% et 49%**.

Avec $n = 8$, on trouve **environ 44 %** car $\frac{4(8-1)}{8^2} \times 100 = 43{,}75$.

Statistiques : tableaux et diagrammes

Je retiens le cours

Notes

1 Tableaux et diagrammes

▶ Une **enquête statistique** porte sur une **population** (ensemble de personnes, d'animaux ou d'objets). L'enquête peut s'intéresser à un **caractère quantitatif** (taille d'une personne, âge d'un animal, valeur d'un objet…) ou à un **caractère qualitatif** (métier d'une personne, race d'un animal, usage pour un objet).

▶ Le résultat d'une enquête statistique est une **série statistique**. On peut présenter cette série sous forme d'un tableau des effectifs, d'un diagramme en bâtons (les hauteurs des bâtons sont proportionnelles aux effectifs) ou d'un diagramme circulaire ou semi-circulaire (les angles sont proportionnels aux effectifs).

Ex. : **Population étudiée : les élèves du club de théâtre d'un collège.**

Caractère étudié : l'âge.

Série statistique obtenue :

11 – 11 – 14 – 12 – 12 – 13 – 12 – 11 – 14 – 15 – 11 – 14 – 12 – 14 – 14 – 12 – 14 – 14 – 12 – 11 – 12 – 12 – 11 – 11 – 14 – 13 – 13 – 14 – 14 – 15 – 12 – 12 – 11 – 12 – 13 – 12.

Tableau donnant l'effectif de chaque valeur du caractère étudié :

Âges (ans)	11	12	13	14	15
Effectifs	8	12	4	10	2

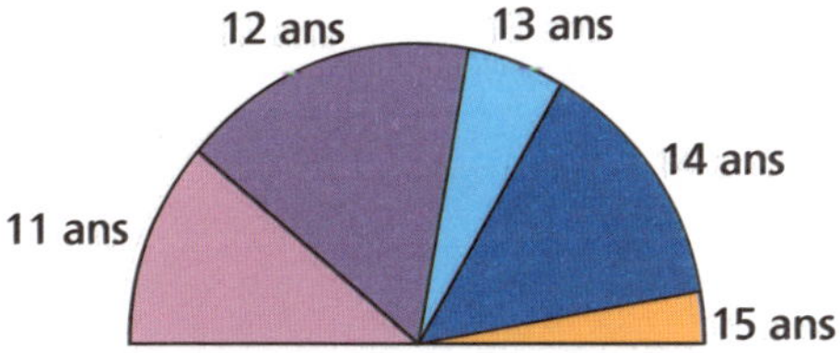

Diagramme semi-circulaire
(180° pour 36 élèves,
soit 5° pour 1 élève)

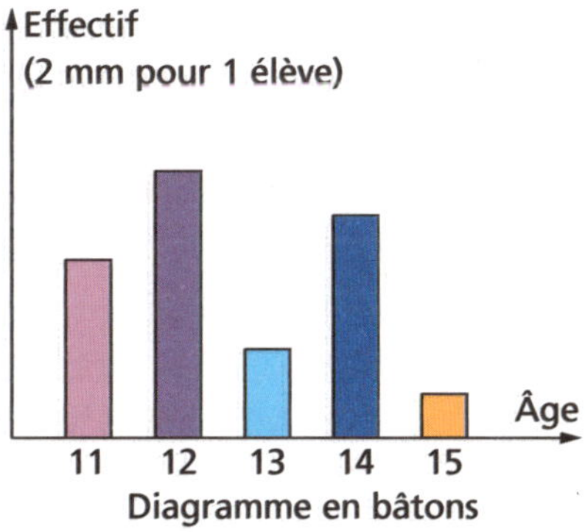

Diagramme en bâtons

Je comprends comment faire

Faire un diagramme semi-circulaire

Des élèves ont participé à une étude sur la présence d'oiseaux dans un jardin public.

Ils ont noté la présence de chardonnerets (C), de mésanges (M), de pinsons (P), de rouges-gorges (R).

Dans la première heure de l'enquête, on a obtenu la série statistique suivante :

M – M – M – C – P – P – C – R – M – M – M – P – P – R – M – R – C – C.

1° Fais un tableau donnant l'effectif de chaque type d'oiseau.

2° Illustre les résultats par un diagramme semi-circulaire.

1° Tableau des effectifs

	Chardonnerets	Mésanges	Pinsons	Rouges-gorges
Effectifs	4	7	4	3

2° Dans un diagramme semi-circulaire, les angles doivent être proportionnels aux effectifs et la somme des angles est 180°.

Dans ce cas, la somme des effectifs est 18 ; le coefficient de proportionnalité est donc 10 car $\frac{180}{18} = 10$.

	Chardonnerets	Mésanges	Pinsons	Rouges-gorges
Effectifs	4	7	4	3
Angles	40°	70°	40°	30°

× 10

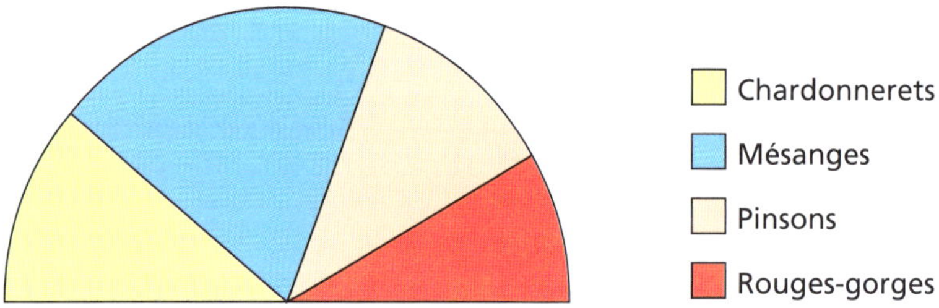

Oiseaux observés dans un jardin public.

Corrigés p. 106

Je m'entraîne

Brouillon

Exercice 1

La série statistique suivante est le résultat d'une enquête portant sur la seconde langue vivante étudiée parmi un groupe de 45 élèves d'un collège (A : allemand ; E : espagnol ; I : italien).

A – E – E – I – A – E – E – I – E – E – I – A – A – E – I – E – E – I – A – A – I – I – E – E – I – I – E – E – E – A – E – A – I – A – E – I – A – A – A – I – A – E – E – A – E.

a. **Complète le tableau des effectifs.**

Langues	Allemand	....	....
Effectifs	14	....	....

b. **Complète le tableau de proportionnalité, puis complète le diagramme en bâtons.**

Effectifs	14	....	....
Hauteurs (mm)	28	....	....

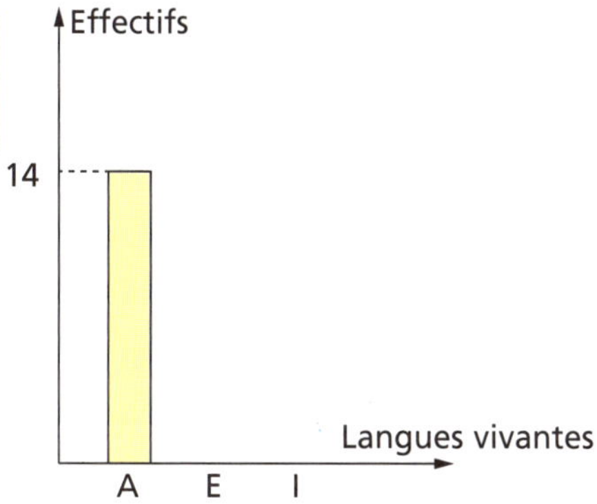

c. **Complète le tableau de proportionnalité, puis complète le diagramme circulaire.**

Somme des angles : 360°.

Somme des effectifs : ....

Coefficient de proportionnalité : ....

Effectifs	14	....	....
Angles (°)	112	....	....

Exercice 2

On a mesuré la taille des 36 élèves du Club Santé d'un collège. Pour chaque taille, l'effectif est faible, aussi a-t-on regroupé les tailles en cinq tranches. On a obtenu le diagramme à barres suivant (appelé aussi « histogramme »).

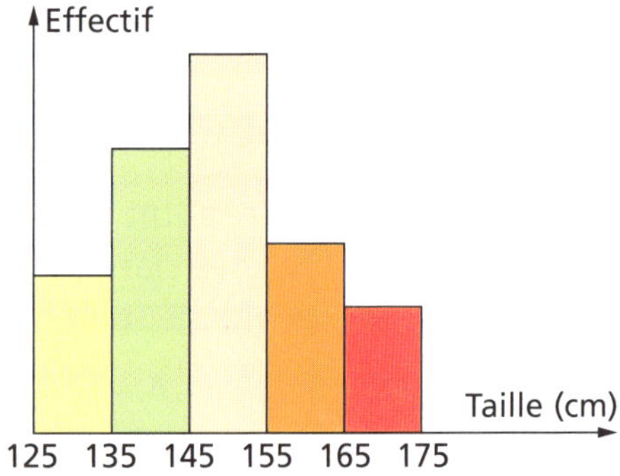

On veut illustrer le résultat de cette enquête par un diagramme semi-circulaire.

a. Les tranches ont la même largeur, les effectifs sont donc proportionnels aux hauteurs des barres.

Mesure les hauteurs des barres et vérifie que la somme des hauteurs est 108 mm ; cela représente un effectif total de 36 élèves, soit 3 mm pour 1 élève.
Complète le tableau suivant.

Tailles (cm)	$125 \leqslant t < 135$	$135 \leqslant t < 145$	$145 \leqslant t < 155$	$155 \leqslant t < 165$	$165 \leqslant t \leqslant 175$
Hauteurs (mm)	15	27	36	18	12
Effectifs	....	....	....	....	....

b. **Complète le tableau de proportionnalité ci-dessous, puis complète le diagramme semi-circulaire et la légende qui l'accompagne.**

Somme des angles : 180°. Somme des effectifs : ....

Coefficient de proportionnalité : ....

Tailles (cm)	$125 \leqslant t < 135$	$135 \leqslant t < 145$	$145 \leqslant t < 155$	$155 \leqslant t < 165$	$165 \leqslant t \leqslant 175$
Effectifs	5	....	....	....	....
Angles (°)	25	....	....	....	....

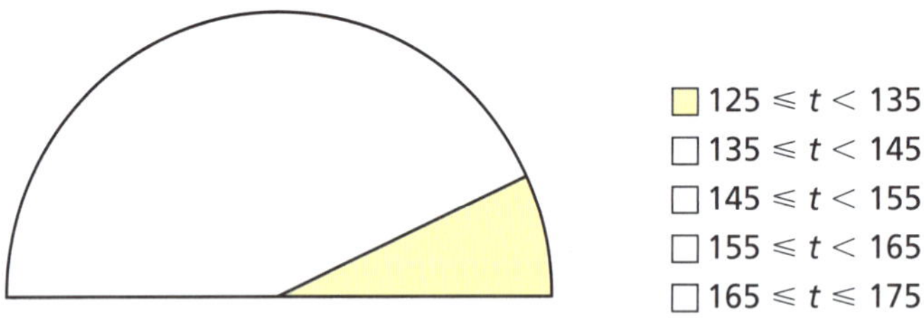

Brouillon

Exercice 3

On a mesuré la longueur (en cm) des poissons d'un échantillon prélevé dans un étang du Berry. On a trouvé la série statistique suivante :
8 – 6 – 25 – 12 – 24 – 18 – 5 – 15 – 7 – 24 – 21 – 15 – 10 – 24 – 31 – 17 – 6 – 21 – 19 – 5 – 8 – 35 – 12 – 8 – 19 – 37 – 5 – 12 – 18 – 4 – 14 – 9 – 16 – 32 – 11 – 18.
On décide de regrouper ces longueurs en quatre tranches.

a. Complète le tableau donnant l'effectif de chaque tranche.

Tailles (cm)	$0 < L \leqslant 10$	$10 < L \leqslant 20$	$20 < L \leqslant 30$	$30 < L \leqslant 40$
Effectifs	12	....	....	....

b. Complète l'histogramme ci-dessous (toutes les barres doivent avoir la même largeur).

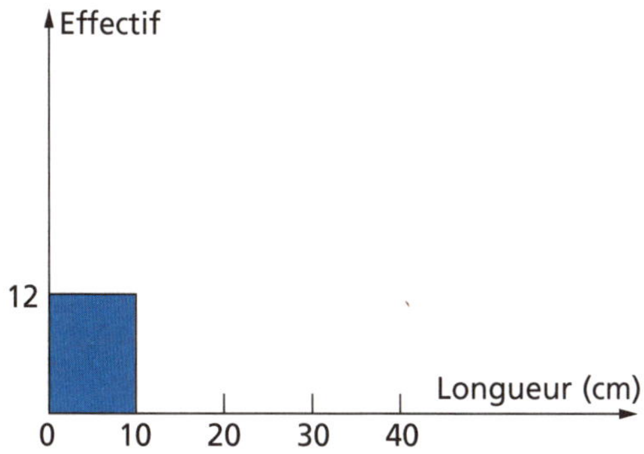

c. Complète le tableau de proportionnalité ci-dessous, puis fais un diagramme circulaire.

Somme des angles : 360°. Somme des effectifs : ....

Coefficient de proportionnalité : ....

Tailles (cm)	$0 < L \leqslant 10$	$10 < L \leqslant 20$	$20 < L \leqslant 30$	$30 < L \leqslant 40$
Effectifs	12	....	....	....
Angles (°)	....	....	....	....

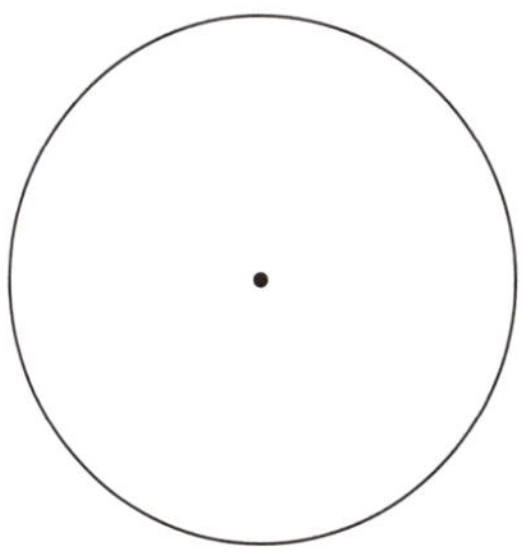

- ■ $0 < L \leqslant 10$
- □ $10 < L \leqslant 20$
- □ $20 < L \leqslant 30$
- □ $30 < L \leqslant 40$

Corrigés des exercices

Exercice 1 a. b. c.

Hauteurs : le coefficient de proportionnalité est 2 car 28 : 14 = 2.
Somme des angles : 360° ; somme des effectifs : **45** ; coefficient de proportionnalité : **8**.

Langues	Allemand	Espagnol	Italien
Effectifs	14	**19**	**12**
Hauteurs (mm)	28	**38**	**24**
Angles (°)	112	**152**	**96**

(Effectifs → Hauteurs : × 2 ; Effectifs → Angles : × 8)

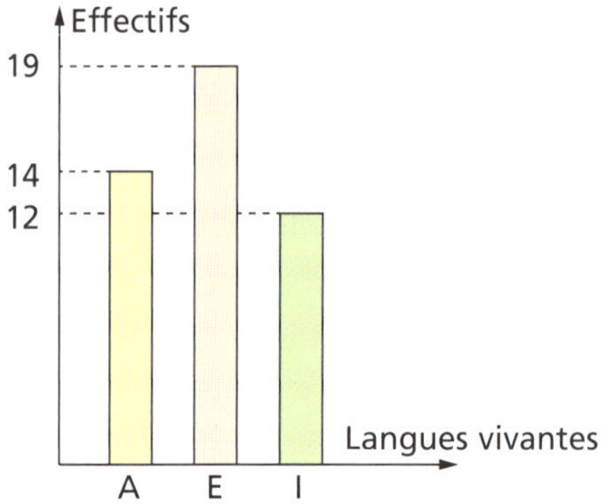

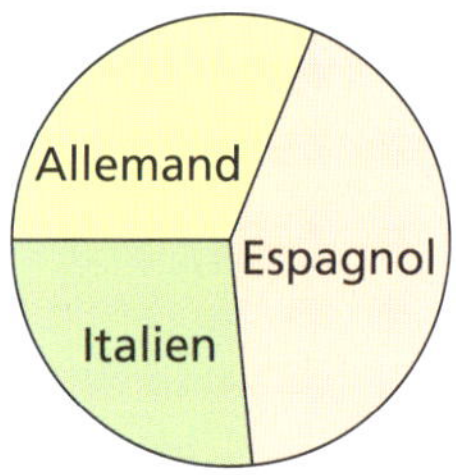

Exercice 2 a. b.

Tailles (cm)	$125 \leqslant t < 135$	$135 \leqslant t < 145$	$145 \leqslant t < 155$	$155 \leqslant t < 165$	$165 \leqslant t \leqslant 175$
Hauteurs (mm)	15	27	36	18	12
Effectifs	**5**	**9**	**12**	**6**	**4**
Angles (°)	25	**45**	**60**	**30**	**20**

Somme des angles : 180° ;
somme des effectifs : **36** ;
coefficient : **5**.
$5 \times 5 = 25$; $9 \times 5 = 45$;
$12 \times 5 = 60$; $6 \times 5 = 30$;
$4 \times 5 = 20$.

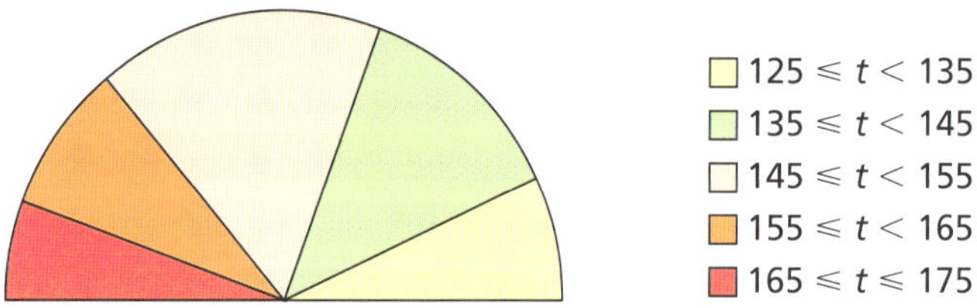

Exercice 3 a. b. c.

Somme des angles : 360° ; somme des effectifs : **36** ; coefficient de proportionnalité : **10**.

Tailles (cm)	$0 < L \leqslant 10$	$10 < L \leqslant 20$	$20 < L \leqslant 30$	$30 < L \leqslant 40$
Effectifs	12	**14**	**6**	**4**
Angles (°)	**120**	**140**	**60**	**40**

(Effectifs → Angles : × 10)

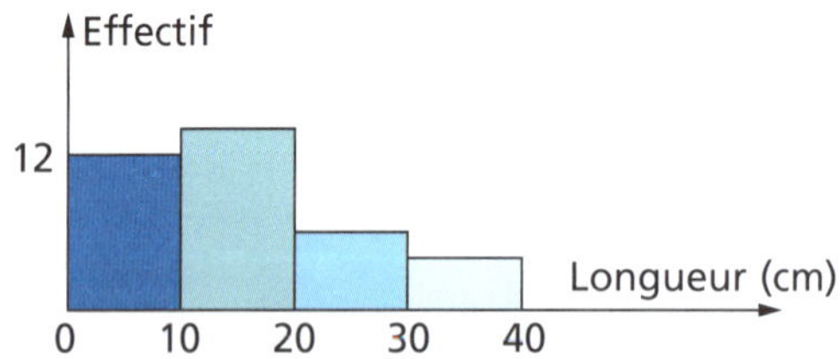

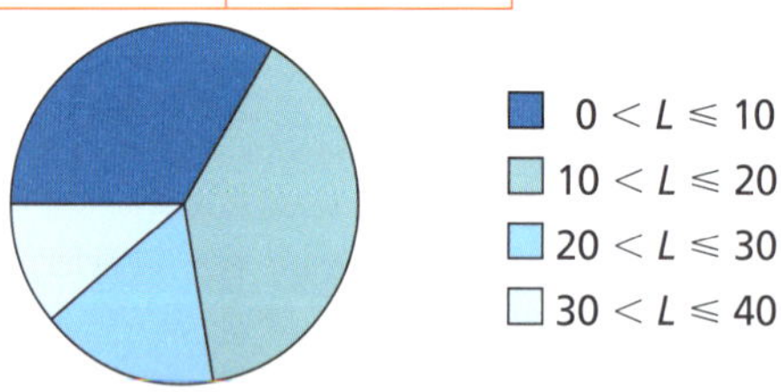

Statistiques : fréquences – moyenne

Notes

Je retiens le cours

1 Fréquence

▶ La fréquence d'une valeur (ou d'une classe) du caractère étudié dans une série statistique est le quotient de l'effectif de cette valeur (ou cette classe) par l'effectif total de la série.

$$\text{Fréquence} = \frac{\text{effectif de la valeur}}{\text{effectif total}}.$$

▶ La fréquence peut s'exprimer par une fraction, par un nombre décimal ou par un pourcentage.

▶ Pour chaque caractère étudié, la somme de toutes les fréquences (écrites sous forme de fractions) est égale à 1.

Ex. : **On a relevé pendant 25 ans la température en degré Celsius le 14 juillet à 12 h dans une station météorologique du Sud de la France.**
On a obtenu la série statistique suivante :
33 – 34 – 33 – 34 – 34 – 32 – 35 – 33 – 31 – 31 – 34 – 35 – 34 –35 – 34 – 34 – 33 – 31 – 31 – 35 – 33 – 34 – 36 – 35 – 36.
Le nombre 31 figure 4 fois dans cette série. La fréquence du nombre 31 est égale à $\frac{4}{25}$ soit 0,16 soit 16% (trois écritures possibles).
Un tableau permet de récapituler les effectifs et les fréquences.

Valeurs	31	32	33	34	35	36
Effectifs	4	1	5	8	5	2
Fréquences	4/25	1/25	5/25	8/25	5/25	2/25

2 Moyenne

La moyenne d'une série statistique numérique est le quotient de la somme des nombres figurant dans cette série par le nombre d'éléments de cette série.

$$m = \frac{\text{somme des nombres}}{\text{nombre d'éléments}}\ ;$$

Ex. : **Pour la série statistique des températures (paragraphe précédent), la moyenne *m* s'obtient en divisant par 25 la somme de toutes les valeurs.**
On trouve $m = \frac{840}{25}$, soit une moyenne de 33,6 °C.

Je comprends comment faire

Notes

Calculer des fréquences

On étudie la série statistique des notes données par un correcteur à un examen.
11 – 8 – 10 – 12 – 13 – 16 – 12 – 9 – 16 – 20 – 14 – 2 – 11 – 10 – 7 – 13 – 10 – 14 – 15 – 0 – 6 – 5 – 4 – 17 – 13 – 19 – 13 – 11 – 9 – 8.
Pour chaque valeur, l'effectif est faible ; aussi on peut regrouper les notes en cinq classes (ou tranches) : de 0 inclus à 4 exclu, de 4 inclus à 8 exclu, de 8 inclus à 12 exclu, de 12 inclus à 16 exclu et de 16 inclus à 20 inclus.
Construis un tableau donnant les effectifs et les fréquences de chaque classe (sous forme de fractions, puis sous forme de pourcentages arrondis au dixième).

Dans cette série, 2 notes sur 30 sont dans la tranche $0 \leqslant n < 4$; la fréquence associée à cette tranche est égale à $\frac{2}{30}$ (environ 0,0666), soit en pourcentage : environ **6,7%**.

Classes	$0 \leqslant n < 4$	$4 \leqslant n < 8$	$8 \leqslant n < 12$	$12 \leqslant n < 16$	$16 \leqslant n \leqslant 20$
Effectifs	2	4	10	9	5
Fréquences (fraction)	$\frac{2}{30}$	$\frac{4}{30}$	$\frac{10}{30}$	$\frac{9}{30}$	$\frac{5}{30}$
Fréquences (pourcentage)	6,7 %	13,3 %	33,3 %	30 %	16,7 %

Calculer une moyenne

On étudie la série statistique constituée des notes attribuées par un correcteur pour un exercice noté sur 4.
3 – 2 – 2 – 1 – 3 – 0 – 1 – 2 – 3 – 4 – 3 – 2 – 4 – 1 – 3 – 0 – 2 – 1 – 0 – 4 – 1 – 2 – 3 – 2 – 4 – 0 – 2 – 1 – 3 – 2 – 3 – 4 – 2 – 1 – 3 – 2 – 2 – 1 – 0 – 4.
Construis un tableau donnant l'effectif de chaque note.
Calcule la moyenne des notes attribuées par ce correcteur.

Il y a 40 notes ; la note 0 figure 5 fois ; la note 1 figure 8 fois ...

Notes	0	1	2	3	4
Effectifs	5	8	12	9	6

$$m = \frac{0 \times 5 + 1 \times 8 + 2 \times 12 + 3 \times 9 + 4 \times 6}{40} ;$$

$$m = \frac{83}{40} ; \qquad m \approx 2,1.$$

Corrigés p. 112

Brouillon

Je m'entraîne

Exercice 1

Une enquête sur le covoiturage a porté sur le nombre de personnes à bord des véhicules franchissant un péage.
Population étudiée : 70 véhicules.
Caractère étudié : nombre de personnes à bord du véhicule.
Valeurs du caractère : 1 – 2 – 3 – 4 – 5 – 6 – 7.

Complète le tableau suivant (fréquences sous forme de fractions).

Valeurs	1	2	3	4	5	6	7
Effectifs	12	24	16	6	8	0	4
Fréquences	....	....	....	....	....	....	....

Exercice 2

On a effectué une enquête sur la composition des familles des élèves d'une classe.
Population étudiée : 30 élèves.
Caractère étudié : nombre d'enfants dans la famille.
Valeurs du caractère : 1 – 2 – 3 – 4 – 5.
La série statistique obtenue est représentée par le diagramme en bâtons ci-dessous.

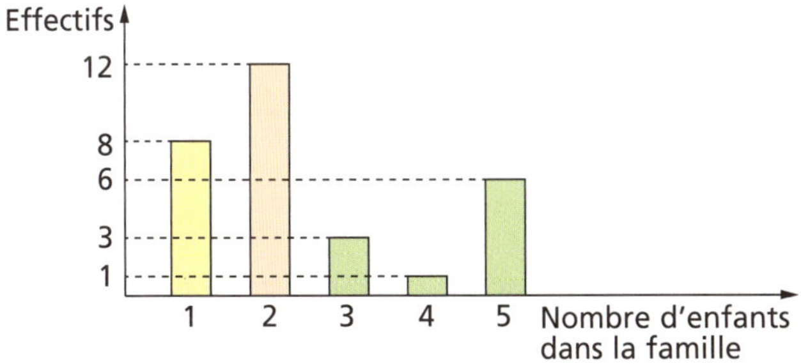

Complète le tableau suivant (fréquences sous forme de nombres décimaux, arrondis* au centième le cas échéant).

Valeurs	1	2	3	4	5
Effectifs	....	....	....	....	....
Fréquences	....	....	....	....	....

Exercice 3

On a relevé les notes mises par cinq juges-arbitres pour trois concurrents lors d'une épreuve sportive.

Juges		A	B	C	D	E
Concurrents	1	9,4	9,1	8,9	9,3	8,8
	2	8,4	9	9	8,6	9,1
	3	8,9	9,2	8,5	9,1	8,8

a. **Quelle est la moyenne des notes de chaque concurrent ?**

....

....

b. **Quelle est la moyenne donnée par chaque juge-arbitre ?**

....

....

Exercice 4

Lors d'un examen professionnel, l'épreuve théorique a pour coefficient 3 et l'épreuve pratique a pour coefficient 5.

a. Léo a obtenu 8 à l'épreuve théorique et 16 à l'épreuve pratique. Tout se passe comme s'il avait eu 8 notes :

8 – 8 – 8 – 16 – 16 – 16 – 16 – 16.

Quelle est la moyenne de Léo ?

....

b. Léa a eu 16 à l'épreuve théorique et 8 à l'épreuve pratique.

Quelle est la moyenne de Léa ?

....

c. **Quelles auraient été les moyennes de Léo et de Léa si la moyenne n'avait pas été pondérée par des coefficients ?**

....

....

Brouillon

Exercice 5

On a effectué une enquête auprès de 80 adhérents d'un ciné-club.
La question posée était « Combien de films avez-vous vus pendant le mois précédent ? »
La série statistique obtenue a permis de faire le diagramme circulaire ci-dessous.

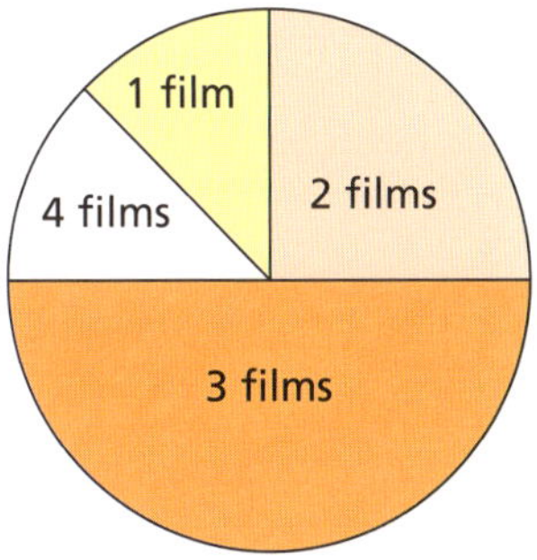

En utilisant les données de ce diagramme, complète le tableau suivant.

Nombre de films	1	2	3	4
Angles (°)	45	....	....	....
Effectifs	....	....	....	....
Fréquences (%)	....	....	....	....

Exercice 6

Dans le tableau ci-dessous, les fréquences ont été simplifiées et une des fréquences a été malencontreusement effacée.

Valeurs	2	3	4	5	6
Fréquences	$\frac{7}{40}$	$\frac{7}{30}$	$\frac{7}{24}$	$\frac{7}{60}$	

a. **Vérifie que ces quatre fractions peuvent s'écrire avec 120 pour dénominateur commun.**

....

b. **Quelle est la fréquence effacée ?**

....

....

Brouillon

Corrigés des exercices

Exercice 1

Effectif total : 70.

Valeurs	1	2	3	4	5	6	7
Effectifs	12	24	16	6	8	0	4
Fréquences	**12/70**	**24/70**	**16/70**	**6/70**	**8/70**	**0/70**	**4/70**

Après simplification : 6/35 ; 12/35 ; 8/35 ; 3/35 ; 4/35 ; 0/35 ; 2/35.

Exercice 2

Effectif total : 30.

Valeurs	1	2	3	4	5
Effectifs	**8**	**12**	**3**	**1**	**6**
Fréquences	**0,27**	**0,4**	**0,1**	**0,03**	**0,2**

Exercice 3

a. Dans l'ordre, pour les concurrents : n° 1 (9,1) ; n° 2 (8,8) ; n° 3 (8,9).
b. Dans l'ordre, pour les juges : A(8,9) ; B(9,1) ; C(8,8) ; D(9) ; E(8,9).

Exercice 4

a. Pour Léo : $m = \dfrac{8 \times 3 + 16 \times 5}{8}$; $m = \dfrac{104}{8}$; $\boldsymbol{m = 13}$.

b. Pour Léa : $m = \dfrac{16 \times 3 + 8 \times 5}{8}$; $m = \dfrac{88}{8}$; $\boldsymbol{m = 11}$.

c. Tous deux auraient la même moyenne : $m = \dfrac{8 + 16}{2}$; $m = \dfrac{24}{2}$; $m = 12$.

Exercice 5

Somme des angles : 360° ; somme des effectifs : 80 ; soit 4,5° pour 1 personne.

Nombre de films	1	2	3	4
Angles (°)	**45**	**90**	**180**	**45**
Effectifs	**10**	**20**	**40**	**10**
Fréquences (%)	**12,5**	**25**	**50**	**12,5**

Exercice 6

a. $\dfrac{7}{40} = \mathbf{\dfrac{21}{120}}$; $\dfrac{7}{30} = \mathbf{\dfrac{28}{120}}$; $\dfrac{7}{24} = \mathbf{\dfrac{35}{120}}$; $\dfrac{7}{60} = \mathbf{\dfrac{14}{120}}$.

b. Soit x la fréquence inconnue.
La somme des fréquences est égale à 1 ; $\dfrac{21}{120} + \dfrac{28}{120} + \dfrac{35}{120} + \dfrac{14}{120} + x = 1$;
$\dfrac{98}{120} + x = 1$; $x = 1 - \dfrac{98}{120} = \dfrac{120}{120} - \dfrac{98}{120} = \dfrac{22}{120}$. **La fréquence effacée est $\mathbf{\dfrac{22}{120}}$ ou $\mathbf{\dfrac{11}{60}}$.**

Notion de probabilité

Je retiens le cours

1 De la fréquence à la probabilité

▸ Si on répète un grand nombre de fois une **expérience aléatoire** (c'est le hasard qui décide ce qui se produit), la fréquence d'apparition d'une **issue** (ou éventualité) est proche de la **probabilité** de cette issue.

La probabilité d'une issue est un nombre compris entre 0 et 1 (0 et 1 compris).

La somme des probabilités de toutes les issues d'une expérience aléatoire est égale à 1.

▸ La probabilité d'un événement est la somme des probabilités de toutes les issues constituant cet événement.

Ex. : On lance un dé parfaitement équilibré et on lit le nombre de points sur la face supérieure.

On a six issues possibles.

• Si on lance un grand nombre de fois le dé (ou si on simule ces lancements à l'aide d'un tableur), la fréquence d'apparition de chacune des issues est de plus en plus proche de 0,167.

Le dé étant parfaitement équilibré, chacune des six issues a la même probabilité (c'est une **situation d'équiprobabilité**) ; la somme des probabilités étant égale à 1, chaque issue a une probabilité égale à $\frac{1}{6}$.

• Si on s'intéresse à l'événement « *Le nombre obtenu est un multiple de 3* », il y a deux issues favorables sur les six possibles (on obtient le nombre 3 ou on obtient le nombre 6). On dit qu'il y a deux chances sur six d'obtenir un multiple de 3. La probabilité de cet événement est égale à $\frac{2}{6}$.

L'événement contraire, c'est-à-dire « *Le nombre obtenu **n'est pas** un multiple de 3* », a pour probabilité $\frac{4}{6}$.

Notes

Je comprends comment faire

Notes

Déterminer la probabilité d'un événement

On lance un dé et on lit le nombre de points sur la face supérieure. Le dé étant parfaitement équilibré, on est dans une situation d'équiprobabilité (chacune des six issues a la même probabilité).

1° Quelle est la probabilité de l'événement « *On obtient le nombre 6* » ?

2° Soit E l'événement « *On obtient un nombre strictement inférieur à 5* ». Quelle est sa probabilité ?

3° Quel est l'événement contraire de l'événement E ? Quelle est sa probabilité ?

4° Quelle est la probabilité de l'événement « *On obtient un nombre inférieur ou égal à 6* » ?

1° Parmi les six issues, une seule est favorable (on dit aussi qu'elle réalise cet événement) :

La probabilité de l'événement « *On obtient le nombre 6* » est égale à $\frac{1}{6}$.

On dit qu'un tel événement est un événement élémentaire.

2° Parmi les six issues, quatre sont favorables :

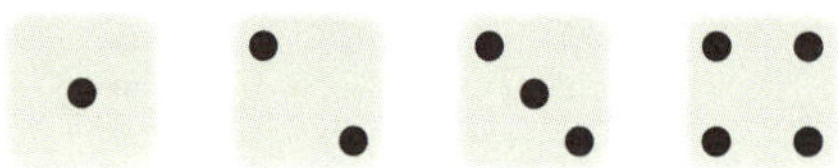

La probabilité de l'événement E est égale à $\frac{4}{6}$; on note $\mathbf{p}(E) = \frac{4}{6}$.

3° L'événement contraire de l'événement E est « *On n'obtient pas un nombre strictement inférieur à 5* » ou, plus simplement, ***« On obtient un nombre supérieur ou égal à 5 ».***

Parmi les six issues, deux sont favorables :

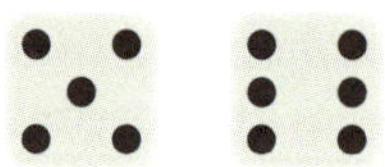

Si on note F cet événement, on a : $\mathbf{p}(F) = \frac{2}{6}$.

4° L'événement « *On obtient un nombre inférieur ou égal à 6* » est réalisé à chaque lancer ; on dit que c'est un événement certain ; **sa probabilité est égale à 1**.

Corrigés p. 118

Je m'entraîne

Brouillon

Exercice 1

Un sac contient 12 jetons numérotés de 1 à 12. Les jetons sont indiscernables au toucher.
On tire au hasard (sans voir ce qui est dans le sac) un jeton.

a. **Quelle est la probabilité de l'événement « *Le jeton porte un nombre multiple* de 3* » ?**

....

b. Léa affirme que la probabilité de l'événement « *Le jeton porte un nombre multiple de 5* » est la même que celle de l'événement « *Le jeton porte un nombre multiple de 4* ».

Léa a-t-elle raison ? Pourquoi ?

....

....

....

....

Exercice 2

On a placé dans une urne 11 cartons sur lesquels sont inscrites les 11 lettres du mot PROBABILITÉ. Les cartons sont indiscernables au toucher. On tire au hasard (sans voir ce qui est dans l'urne) un carton et on lit la lettre obtenue.

a. Soit *E* l'événement « *La lettre lue est une voyelle* ».

Quelle est la probabilité de cet événement ?

....

b. **Quel est l'événement contraire de l'événement *E* ?**
Quelle est sa probabilité ?

....

....

Brouillon

Exercice 3

Les boules du loto sont numérotées de 1 à 49. Elles sont extraites mécaniquement de la sphère transparente qui les contient : le tirage s'effectue donc au hasard.
On appelle *E* l'événement « *La première boule extraite porte un nombre multiple de 9* » et *F* l'événement « *La première boule extraite porte un nombre multiple de 7* ».
Léo affirme que l'événement *E* est plus probable que l'événement *F*.
Léa affirme le contraire.

Qui a raison ?

....

....

....

....

Exercice 4

On lance deux fois une pièce de monnaie parfaitement équilibrée. Après chaque jet on note ce qui apparaît sur la face visible : soit pile (p), soit face (f).
L'arbre ci-contre permet de visualiser les quatre issues après les deux jets.

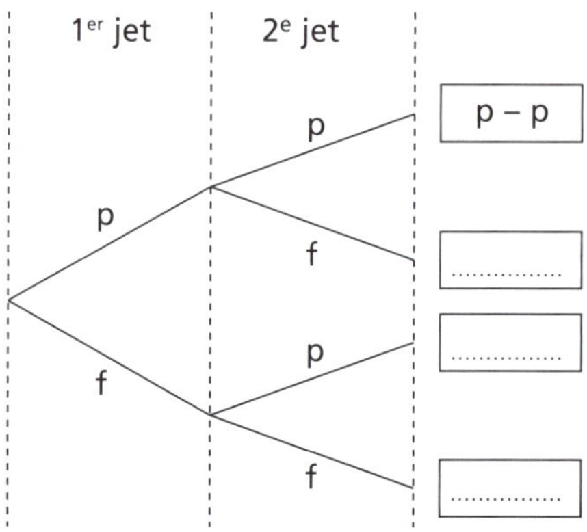

a. Complète les trois issues manquantes dans cet arbre.

b. Quelle est la probabilité de l'événement « *Le tirage donne une seule fois pile* » ?

....

....

Brouillon

Exercice 5

Une urne contient des jetons numérotés de 1 à 4. On tire au hasard un jeton, on note le nombre, puis on remet le jeton dans l'urne. On tire alors un second jeton, on note le nombre, puis on le multiplie par le nombre obtenu au premier tirage.

a. Complète le tableau ci-contre qui permet de visualiser toutes les issues.

	1	2	3	4
1				
2				
3				
4				16

b. Calcule la probabilité de chacun des événements suivants :

– *E* : « *Le produit est un multiple de 4.* »

....

– *F* : « *Le produit est le carré* d'un nombre entier.* »

....

Exercice 6

Un jeu de 32 cartes est composé de 16 cartes rouges (8 carreaux et 8 cœurs) et de 16 cartes noires (8 trèfles et 8 piques). Chaque série de huit cartes est composée d'un as, d'un roi, d'une dame, d'un valet, d'un dix, d'un neuf, d'un huit et d'un sept.
On tire au hasard une carte dans un paquet de 32 cartes.

Détermine la probabilité de chacun des événements suivants.

a. Événement *N* : « *La carte est de couleur noire.* »

....

b. Événement *A* : « *La carte est un as.* »

....

c. Événement *R* : « *La carte est un roi noir.* »

....

d. Événement *V* : « *La carte est le valet de pique.* »

....

Corrigés des exercices

Exercice 1

a. De 1 à 12, il y a quatre multiples de 3 qui sont 3 ; 6 ; 9 et 12.
Probabilité de cet événement : **4/12 ou 1/3 après simplification.**

b. De 1 à 12 il y a deux multiples de 5 qui sont 5 et 10 et trois multiples de 4 qui sont 4 ; 8 et 12.
Léa a tort car la probabilité du premier événement est 2/12 et celle du second 3/12.

Exercice 2

a. Parmi les 11 lettres du mot PROBABILITÉ, 5 sont des voyelles : O ; A ; I ; I et É.
La probabilité de l'événement est **5/11**.

b. L'événement contraire est « *La lettre lue n'est pas une voyelle* »,
c'est-à-dire **« *La lettre lue est une consonne* »**.
Parmi les 11 lettres du mot PROBABILITÉ, 6 sont des consonnes : P ; R ; B ; B ; L et T.
La probabilité de l'événement contraire est **6/11**.

Exercice 3

De 1 à 49, il y a cinq multiples de 9 qui sont : 9 ; 18 ; 27 ; 36 et 45 ; d'où : $p(E) = 5/49$.
De 1 à 49, il y a sept multiples de 7 qui sont 7 ; 14 ; 21 ; 28 ; 35 ; 42 ; 49 ; d'où : $p(F) = 7/49$.
Léa a raison, c'est l'événement *F* qui est le plus probable car 7/49 > 5/49.

Exercice 4

a. L'arbre ci-contre visualise les quatre issues.

b. L'événement « *Le tirage donne une seule fois pile* » est réalisé par deux des quatre issues : p – f et f – p ; la probabilité de cet événement est donc égale à : **2/4 (ou 1/2 après simplification)**.

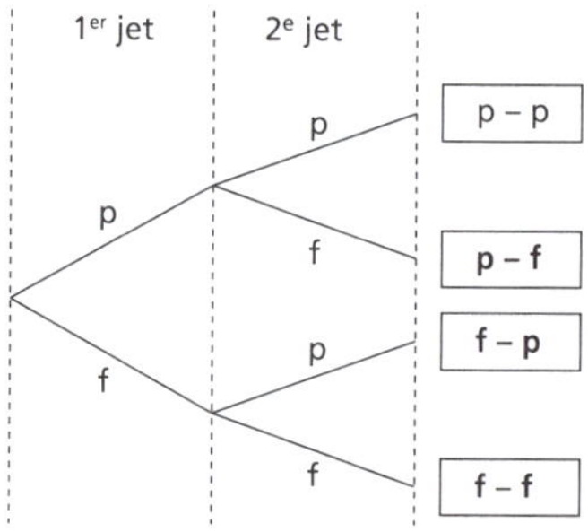

Exercice 5

a. Le tableau ci-contre permet de visualiser les 16 issues.

b. Il y a huit multiples de 4 (en rouge) :
$p(E)$ = 8/16 = 1/2 **= 0,5**.
Six résultats sont des carrés (nombres soulignés) :
$p(F)$ = 6/16 = 3/8 **= 0,375**.

	1	2	3	4
1	1	2	3	4
2	2	4	6	8
3	3	6	9	12
4	4	8	12	16

Exercice 6

a. Il y a 16 cartes de couleur noire ; **$p(N)$ = 16/32 = 1/2.**

b. Il y a 4 as ; **$p(A)$ = 4/32 = 1/8.**

c. Il y a 2 rois noirs ; **$p(R)$ = 2/32 = 1/16.**

d. Il y a 1 seul valet de pique ; **$p(V)$ = 1/32.**

Partie 3

Espace et géométrie

Teste tes connaissances

Coche, pour chaque exercice, la (ou les) bonne(s) réponse(s).
Reporte-toi ensuite aux corrigés p. 122.

Leçon 18 page 123

1 Un prisme droit a pour hauteur 70 mm et pour base un carré de 30 mm de côté. Quelle est l'aire totale ?

a. 10 200 mm². ☐
b. 1 800 mm². ☐
c. 8 400 mm². ☐

2 Un prisme droit a pour hauteur 70 mm et pour base un carré de 30 mm de côté. Quel est son volume ?

a. 63 000 mm². ☐
b. 63 000 mm³. ☐
c. 63 cm³. ☐

Leçon 19 page 129

3 Un cylindre a 5 cm de rayon et 10 cm de hauteur. Son aire latérale, en prenant 3,14 pour π, est égale à :

a. 314 cm². ☐
b. 471 cm². ☐
c. 157 mm². ☐

4 Le diamètre de la base d'une cuve cylindrique est égal à 20 m. La cuve est haute de 10 m. Avec 3,14 pour π, la capacité de cette cuve est :

a. 628 m³. ☐
b. 12 560 m³. ☐
c. 3 140 m³. ☐

Leçon 20 page 135

5 Dire que le symétrique de *A* par rapport à *O* est le point *B*, c'est dire :

a. *O* est le milieu de [*AB*]. ☐
b. *O* est la médiatrice de [*AB*]. ☐
c. $O \in [AB]$ et $OA = OB$. ☐

6 La droite *D* et la droite *D′* sont symétriques par rapport à *O*. Cela suffit pour affirmer que :

a. *D* et *D′* sont confondues. ☐
b. $D \perp D'$. ☐
c. $D \parallel D'$. ☐

Leçon 21 page 141

7 *ABCD* est un parallélogramme de centre *O*. On en déduit que :

a. $O \in [AC]$ et $OA = OC$. ☐
b. $(AC) \parallel (BD)$. ☐
c. $AB = DC$. ☐

8 On sait que *O* est le milieu de [*AC*] et de [*BD*].

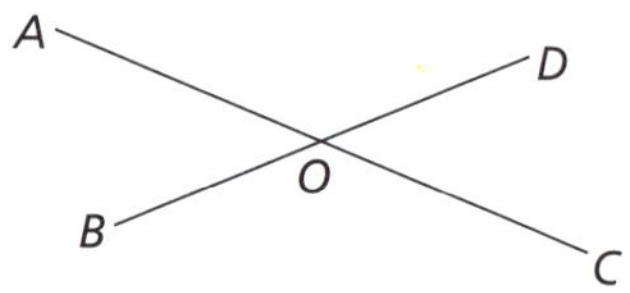

On en déduit que :

a. $AD = BC$. ☐
b. $(AB) \parallel (CD)$. ☐
c. le quadrilatère *ABCD* est un parallélogramme. ☐

Leçon 22 page 147

9 On sait que l'angle $\widehat{A}$ d'un parallélogramme *ABCD* est égal à 90°. Cela suffit pour affirmer que :

a. *ABCD* est un carré. ☐
b. *ABCD* est un rectangle. ☐
c. $AC = BD$. ☐

10 **On sait que les diagonales d'un parallélogramme *EFGH* sont perpendiculaires.**
Cela suffit pour affirmer que :

a. *EG* = *FH*. ☐
b. *EFGH* est un carré. ☐
c. *EFGH* est un losange. ☐

11 **On sait que *MNOP* est un carré.**
Cela suffit pour affirmer que :

a. *MNOP* est un losange. ☐
b. $(MO) \perp (NP)$. ☐
c. *MNOP* est un rectangle. ☐

Leçon 23 page 153

12 **On sait que les droites $x'x$ et $y'y$ sont parallèles.**

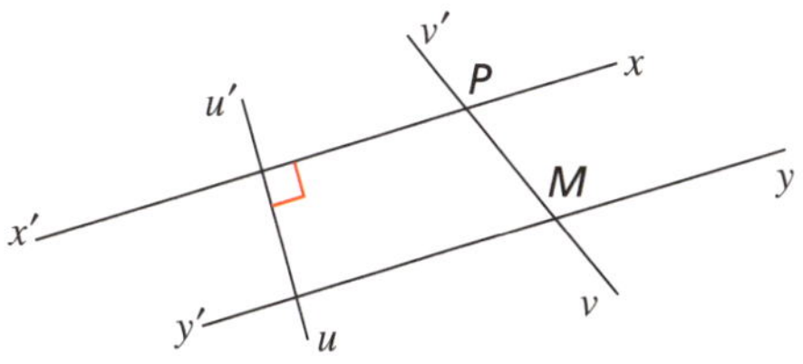

On en déduit que :

a. $u'u \perp y'y$. ☐
b. $\widehat{xPv} = \widehat{y'Mv'}$. ☐
c. $\widehat{x'Pv} = \widehat{y'Mv'}$. ☐

13 **On sait que les droites $x'x$ et $y'y$ sont sécantes en *O*.**

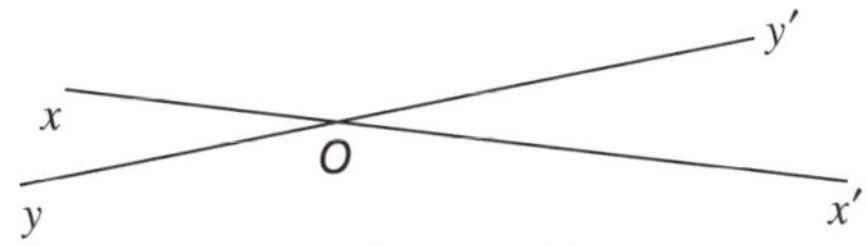

Pour les angles $\widehat{xOy}$ et $\widehat{x'Oy'}$, on peut affirmer qu'ils sont :

a. égaux. ☐
b. opposés par le sommet. ☐
c. adjacents. ☐

Leçon 24 page 159

14 **Un triangle a un angle de 45° et un angle de 105°.**
On en déduit que :

a. le troisième est égal à 30°. ☐
b. le troisième est égal à 45°. ☐
c. le troisième est égal à 50°. ☐

15 **Un triangle isocèle a un angle à la base de 45°.**
On en déduit que le triangle :

a. a un autre angle de 45°. ☐
b. est équilatéral. ☐
c. est rectangle. ☐

16 **Un triangle isocèle a un angle à la base de 60°.**
On en déduit que le triangle :

a. a un angle de 120°. ☐
b. est équilatéral. ☐
c. est rectangle. ☐

Leçon 25 page 165

17 **La figure ci-dessous porte des informations.**

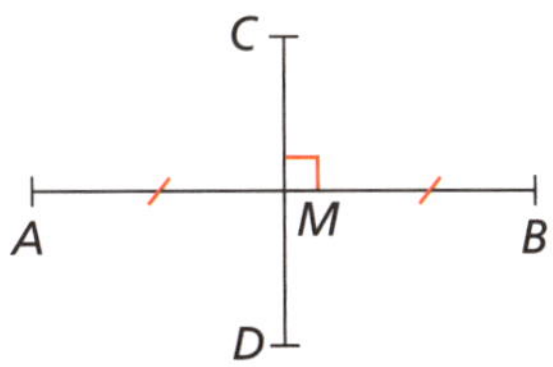

En observant les symboles, on peut déduire que :

a. (*AB*) est la médiatrice de [*CD*]. ☐
b. (*CD*) est la médiatrice de [*AB*]. ☐
c. *CA* = *CB*. ☐

18

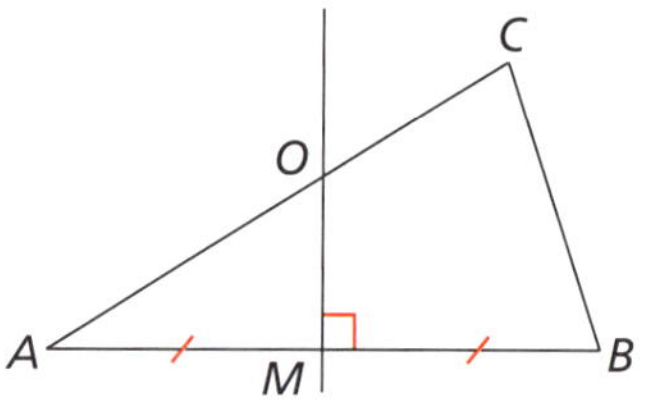

Pour trouver le centre du cercle circonscrit au triangle *ABC*, il suffit de tracer :

a. la médiatrice de [*BC*]. ☐
b. la médiatrice de [*AC*]. ☐
c. le milieu de [*OM*]. ☐

Leçon 26 — page 171

19 **Pour trois points *A*, *B* et *C* du plan, on a toujours :**

a. $AB < AC + CB$. ☐
b. $AB \leqslant AC + CB$. ☐
c. $AB = AC + CB$. ☐

20

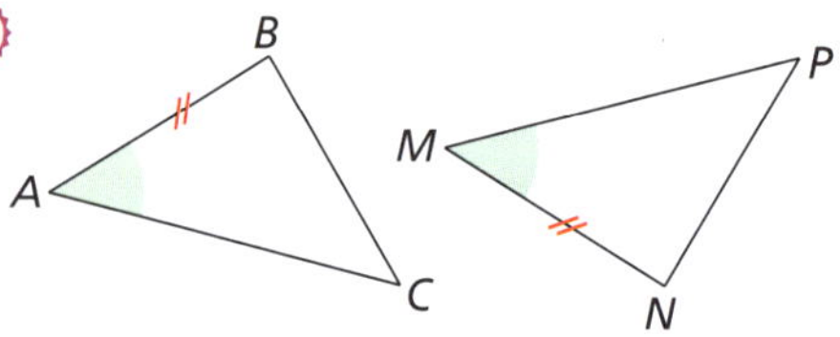

Dans quels cas peut-on affirmer que ces triangles sont superposables ?

a. On sait que $BC = NP$. ☐
b. On sait que $AC = MP$. ☐
c. On sait que $\widehat{B} = \widehat{N}$. ☐

Leçon 27 — page 177

21

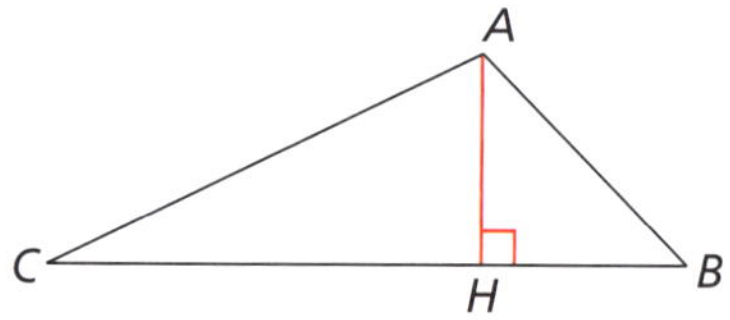

$HC = 3$ cm
$HB = 1{,}4$ cm
$HA = 1{,}4$ cm

L'aire $\mathscr{A}$ du triangle *ABC* est telle que :

a. $\mathscr{A} = 3{,}1$ cm². ☐
b. $\mathscr{A} = 3{,}08$ cm². ☐
c. $\mathscr{A} = 6{,}16$ cm². ☐

Leçon 28 — page 183

22 **[*AH*] est la hauteur associée au côté [*CD*] du parallélogramme *ABCD*.**
On a : $AH = 73$ mm et $CD = 10$ cm.
L'aire $\mathscr{A}$ de ce parallélogramme est telle que :

a. $\mathscr{A} = 730$ cm². ☐
b. $\mathscr{A} = 7\,300$ mm². ☐
c. $\mathscr{A} = 73$ cm². ☐

23 **Une émission de télévision débute à 20 h 52 min et dure 1 h 48 min.**
Elle se termine à :

a. 22 h. ☐
b. 22 h 40 min. ☐
c. 23 h. ☐

Corrigés

1. a – 2. b et c – 3. a – 4. c – 5. a et c – 6. c – 7. a et c – 8. a, b et c – 9. b et c – 10. c – 11. a, b et c – 12. a et b – 13. a et b – 14. a – 15. a et c – 16. b – 17. b et c – 18. a et b – 19. b – 20. b et c – 21. b – 22. b et c – 23. b.

Prismes droits

Notes

Je retiens le cours

1 Vocabulaire et représentation

▶ Un prisme droit est un solide (plein ou creux) limité par :

– deux bases polygonales superposables (triangles, quadrilatères…), situées dans des plans parallèles ;

– des faces latérales rectangulaires.

▶ Les arêtes latérales sont perpendiculaires aux bases et ont la même longueur ; cette longueur est la hauteur du prisme droit.

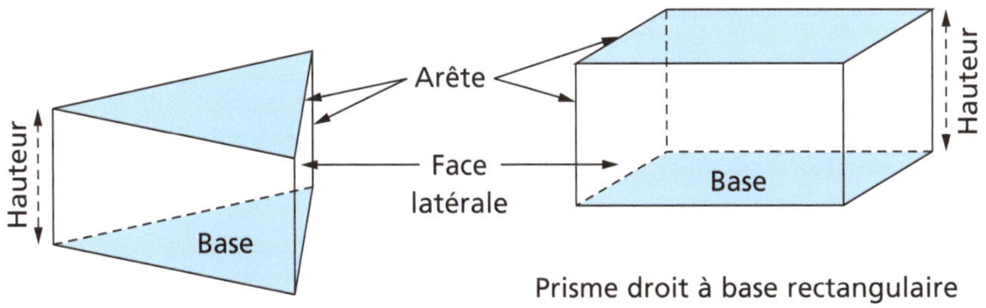

Prisme droit à base triangulaire

Prisme droit à base rectangulaire ou parallélépipède rectangle ou pavé droit

2 Aire d'un prisme droit

▶ **L'aire latérale** d'un prisme droit est égale au produit du périmètre de la base par la hauteur du prisme.

▶ **L'aire totale** d'un prisme droit est la somme de l'aire latérale et des aires des deux bases.

3 Volume d'un prisme droit

Le volume V d'un prisme droit est égal au produit de l'aire B de la base par la hauteur h du prisme. On a : $V = B \times h$.

Les grandeurs doivent être exprimées en unités correspondantes.

Par exemple : B en cm^2 ; h en cm et V en cm^3.

Je comprends comment faire

Notes

Construire un patron – calculer un volume

La figure ci-contre représente un prisme droit. Les bases sont deux triangles superposables *ABC* et *EFG* tels que $\widehat{BAC} = \widehat{FEG} = 90°$; $AB = FE = 2$ cm et $AC = EG = 1{,}5$ cm. La hauteur [*AE*] est telle que $AE = 1{,}2$ cm.

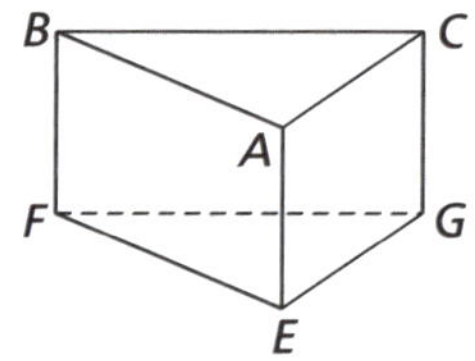

1° Dessine un patron de ce prisme.

2° Calcule l'aire de la base, puis le volume de ce prisme.

1° Voici un patron de ce prisme.

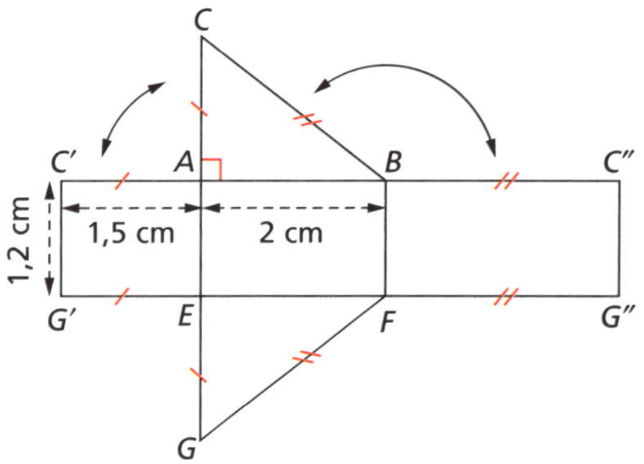

Protocole de construction :
- triangle *ABC* ($\widehat{BAC} = 90°$; $AB = 2$ cm ; $AC = 1{,}5$ cm) ;
- rectangle *ABFE* ($AE = 1{,}2$ cm) ;
- rectangle *AC′G′E* ($AC' = AC = 1{,}5$ cm) ;
- rectangle *BC″G″F* ($BC'' = BC$) ;
- triangle *EFG* ($\widehat{FEG} = 90°$; $EG = 1{,}5$ cm).

2° L'aire $\mathcal{B}$ du triangle *ABC* rectangle en *A* est telle que :

$\mathcal{B} = \dfrac{AB \times AC}{2}$; $\mathcal{B} = \dfrac{2 \times 1{,}5}{2}$; $\mathbf{\mathcal{B} = 1{,}5\ cm^2}$.

Le volume *V* d'un prisme est donné par la formule $V = \mathcal{B} \times h$.

Ici : $\mathcal{B} = 1{,}5$ cm² et $h = 1{,}2$ cm ; d'où : $\mathbf{V = 1{,}8\ cm^3}$ car $1{,}5 \times 1{,}2 = 1{,}8$.

Utiliser la formule donnant le volume d'un prisme

1° Calcule la hauteur d'un prisme droit dont le volume est 8,4 dm³ et dont la base a pour aire 1,2 dm².

2° Calcule l'aire de la base d'un prisme droit dont le volume est 7,2 m³ et dont la hauteur est 2,4 m.

1° **Le volume *V* d'un prisme est donné par la formule $V = \mathcal{B} \times h$.**

Avec $V = 8{,}4$ dm³ et $\mathcal{B} = 1{,}2$ dm², on a : $8{,}4 = 1{,}2 \times h$; $h = \dfrac{8{,}4}{1{,}2}$;

$h = 7$. **La hauteur de ce prisme est égale à 7 dm.**

2° Avec $V = 7{,}2$ m³ et $h = 2{,}4$ m, on a : $7{,}2 = \mathcal{B} \times 2{,}4$; $\mathcal{B} = \dfrac{7{,}2}{2{,}4}$; $\mathcal{B} = 3$.

L'aire de la base de ce prisme est égale à 3 m².

Corrigés p. 128

Je m'entraîne

Brouillon

Exercice 1

Le pavé droit et le cube représentés ci-dessous sont deux cas particuliers de prismes droits.

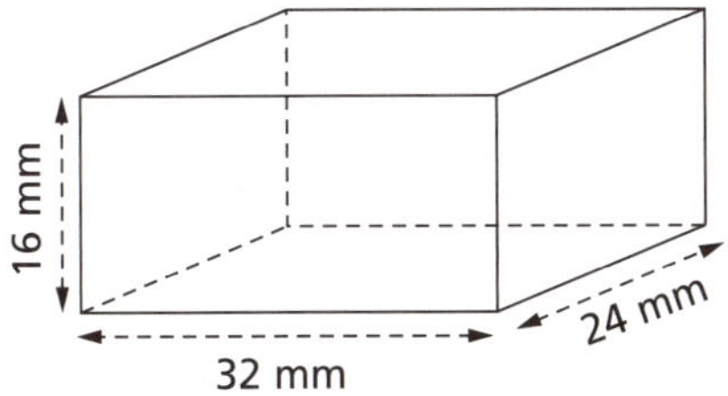

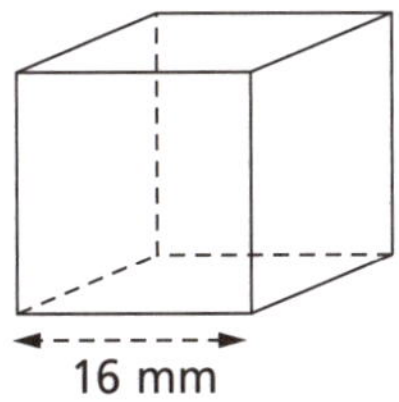

a. **Pour chacun précise la nature de sa base, l'aire de sa base et le volume de ce prisme.**

Pavé droit : ....

Cube : ....

b. **Pour chacun, complète son patron, puis calcule l'aire de ce patron.**

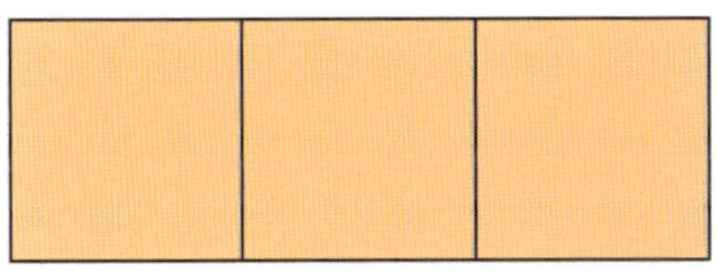

Pavé droit : ....

Cube : ....

Brouillon

Exercice 2

Le dessin ci-dessous représente une partie du patron d'un prisme droit à base triangulaire.

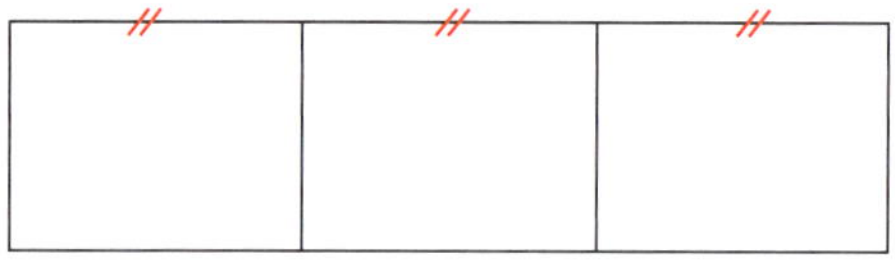

a. **Comment nomme-t-on cette partie du patron ?**

....

b. **Quelle est la particularité des bases de ce prime ?**

....

c. **Complète le patron en construisant avec ton compas les deux bases.**

Exercice 3

a. Un prisme droit de hauteur h a une base d'aire B.

Calcule son volume V dans chacun des cas suivants :

– $h = 6$ cm et $B = 96$ cm^2.

....

– $h = 4{,}5$ dm et $B = 2\,560$ cm^2.

....

b. Un prisme droit a un volume V.

Calcule sa hauteur h ou l'aire B de sa base dans chacun des cas suivants :

– $V = 1{,}2$ m^3 et $B = 0{,}6$ m^2.

....

– $V = 7{,}5$ mm^3 et $h = 1{,}5$ mm.

....

Brouillon

Exercice 4

La figure ci-dessous représente la base d'un prisme droit de 1,2 cm de hauteur.

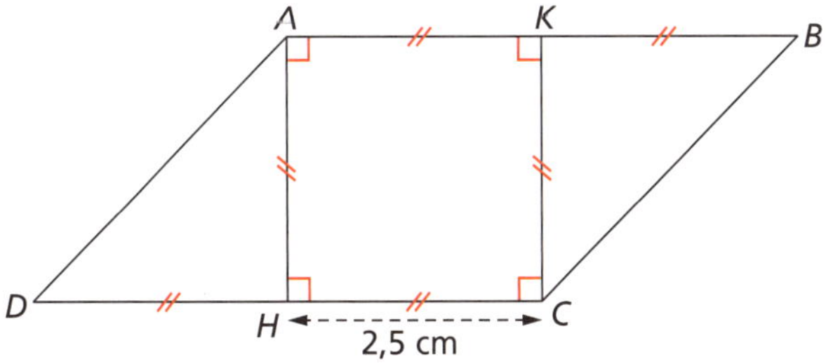

a. Le quadrilatère *ABCD* peut être considéré comme la juxtaposition d'un carré de côté 2,5 cm et de deux triangles rectangles* isocèles* ou comme un parallélogramme (voir leçon 21).

Calcule l'aire du parallélogramme *ABCD*.

....

b. **Calcule le volume de ce prisme droit.**

....

Exercice 5

Un parallélépipède rectangle a pour base un carré de 4 m de côté. Sa hauteur peut varier de 1 m à 2,4 m.

a. **Complète le tableau donnant le volume de ce pavé droit.**

Hauteur (m)	1	1,2	1,4	1,6	1,8	2	2,2	2,4
Volume (m^3)	....	....	....	....	....	....	....	....

b. **Le volume est proportionnel à la hauteur. Justifie cette affirmation.**

....

....

c. **Pour quelle hauteur le volume est-il égal à 24 m^3 ?**

....

....

Corrigés des exercices

Exercice 1

a. **Pavé droit : base rectangulaire** ; aire de la base : **768 mm²** ; volume : **12 288 mm³**.
Cube : base carrée ; aire de la base : **256 mm²** ; volume : **4 096 mm³**.

b.

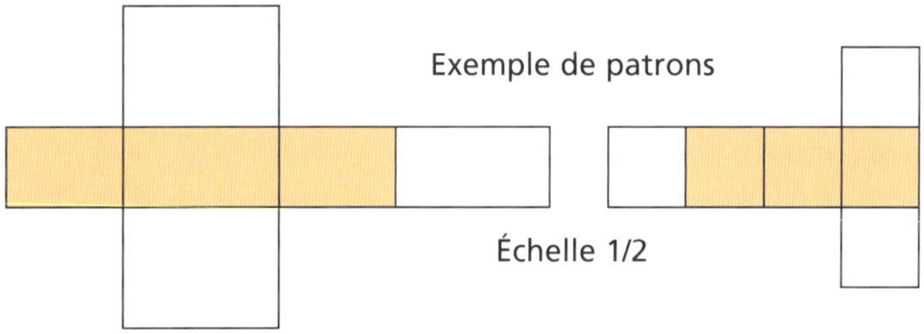

Aire du patron du pavé droit : **3 328 mm²** car $2 \times (32 + 24) \times 16 + 2 \times (32 \times 24) = 3\,328$.
Aire du patron du cube : **1 536 mm²** car $6 \times 16^2 = 6 \times 16 \times 16 = 1\,536$.

Exercice 2

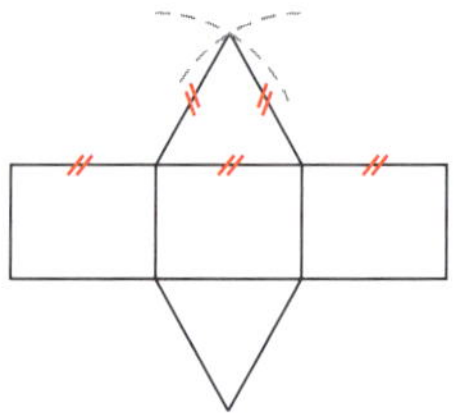

a. La partie dessinée est la **surface latérale**.
b. Les bases de ce prisme sont des **triangles équilatéraux**.
c. Patron ci-contre (échelle 1/2).

Exercice 3

a. Avec $h = 6$ cm et $B = 96$ cm², on trouve $\boldsymbol{V = 576}$ **cm³** car $6 \times 96 = 576$.
Avec $h = 4{,}5$ dm $= 45$ cm et $B = 2\,560$ cm², on trouve $\boldsymbol{V = 115\,200}$ **cm³** car $45 \times 2\,560 = 115\,200$.
Mais aussi $V = 115{,}2$ dm³ car $2\,560$ cm² $= 25{,}6$ dm² et $4{,}5 \times 25{,}6 = 115{,}2$.
b. Avec $V = 1{,}2$ m³ et $B = 0{,}6$ m², on trouve $\boldsymbol{h = 2}$ **m** car $1{,}2 : 0{,}6 = 2$.
Avec $V = 7{,}5$ mm³ et $h = 1{,}5$ mm, on trouve $\boldsymbol{B = 5}$ **mm²** car $7{,}5 : 1{,}5 = 5$.

Exercice 4

a. Aire du parallélogramme : **12,5 cm²** (carré : 6,25 cm² ; triangle rectangle : 3,125 cm²).
b. Volume du prisme : **15 cm³** car $12{,}5 \times 1{,}2 = 15$.

Exercice 5

a. Aire de la base : 16 m².

Hauteur (m)	1	1,2	1,4	1,6	1,8	2	2,2	2,4
Volume (m³)	**16**	**19,2**	**22,4**	**25,6**	**28,8**	**32**	**35,2**	**38,4**

b. Les nombres de la seconde ligne du tableau sont obtenus en multipliant par 16 (coefficient constant) ceux de la première ligne ; **le volume est donc proportionnel à la hauteur**.
Remarque : si la hauteur était constante et l'aire de la base variable, le volume serait proportionnel à la base car $V = B \times h$.
c. Le volume est égal à 24 m³ lorsque **la hauteur est égale à 1,5 m** car :
$h = 24 : 16 = 1{,}5$ (cela confirme ce qui est conjecturé d'après le tableau).

Cylindre de révolution

Je retiens le cours

Notes

1 Vocabulaire et représentation

Un **cylindre** de révolution (ou cylindre droit) est un solide (plein ou creux) limité par :
– deux disques de même rayon, les **bases**, qui sont situées dans des plans parallèles ;
– une surface latérale, la **surface cylindrique**, dont le développement est un rectangle ayant pour dimensions le périmètre de la base et la hauteur du cylindre.

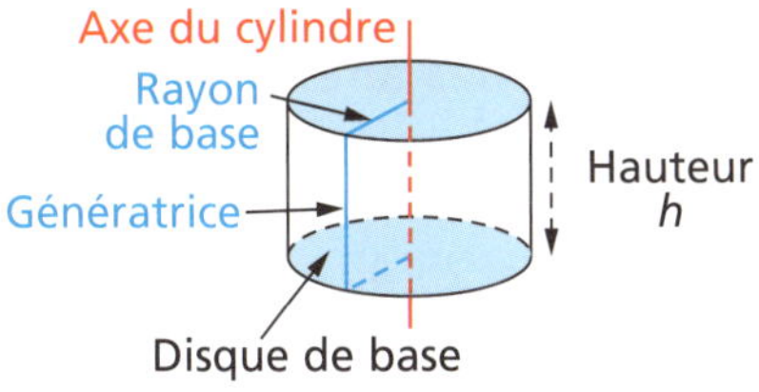

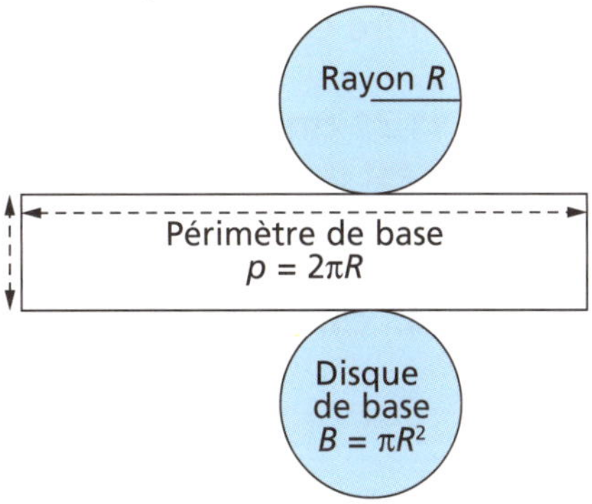

2 Aire d'un cylindre

L'aire totale d'un cylindre est la somme de l'aire latérale et des aires des bases.

$$A = \underbrace{2 \times \pi \times R \times h}_{\text{Aire latérale}} + \underbrace{2 \times \pi \times R^2}_{\text{Aire des deux bases}}$$

3 Volume d'un cylindre

Le volume V d'un cylindre est le produit de l'aire B de la base par la hauteur h :

$$V = B \times h \text{ avec } B = \pi \times R^2.$$

Les grandeurs doivent être exprimées en unités correspondantes.

Par exemple : B en cm^2 ; h en cm et V en cm^3.

Notes

Je comprends comment faire

Développer la surface latérale d'un cylindre et calculer son aire

Une boîte cylindrique a un rayon de base de 1,5 cm et une hauteur de 1,2 cm. Elle est entourée d'une étiquette qui occupe toute la surface cylindrique.

1° Dessine le développement de la surface cylindrique.

2° Calcule l'aire de la surface cylindrique, puis l'aire totale du cylindre.

1° Le développement de la surface cylindrique est un rectangle dont une dimension est le périmètre du disque de base et l'autre dimension, la hauteur du cylindre.

Avec $R = 1,5$ cm, on a : $p \approx 9,4$ cm car $2 \times \pi \times 1,5 = 3\pi \approx 9,4$.

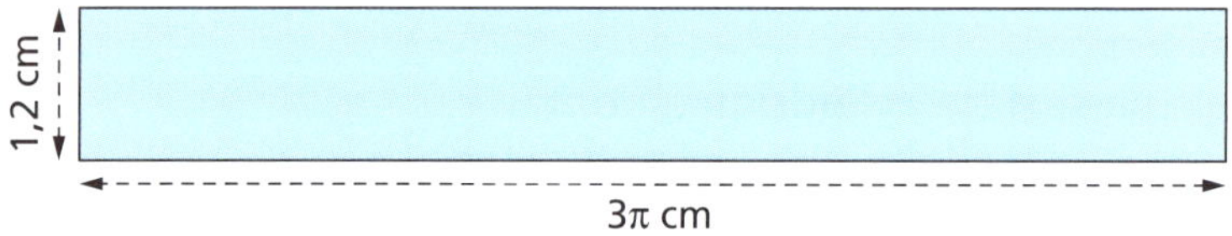

2° L'aire latérale du cylindre est le produit du périmètre de la base par la hauteur.

Aire latérale : environ 11,31 cm² car $3\pi \times 1,2 = 3,6\pi \approx 11,31$.

L'aire totale du cylindre est la somme de l'aire latérale et des aires des bases.

Aire d'une base $\approx 7,07$ cm² car $\pi \times 1,5^2 = 2,25\pi \approx 7,07$.

Aire totale : environ 25,45 cm² car $3,6\pi + 2 \times 2,25\pi = 8,1\pi \approx 25,45$.

Utiliser la formule donnant le volume d'un cylindre

Un bassin cylindrique a un diamètre de 4,8 m et une profondeur de 1,5 m.

1° Quelle est la capacité de ce bassin ?

2° Quelle est la hauteur d'eau lorsqu'on verse 20 m³ d'eau dans ce bassin ?

1° Le volume V d'un cylindre est donné par la formule $V = B \times h$.

Rayon de base : 2,4 m car $4,8 : 2 = 2,4$.

Aire de base : $5,76\pi$ m² (environ 18,10 m²) car $\pi \times R^2 = \pi \times 2,4^2 = 5,76\pi$.

Volume du cylindre : $8,64\pi$ m³ (environ 27,14 m³) car $5,76\pi \times 1,5 = 8,64\pi$.

Capacité du bassin : environ 27 m³.

2° La formule $V = B \times h$ donne $h = \dfrac{V}{B}$. Avec $V = 20$ et $B = 5,76\pi$ on a : $h = 20/5,76\pi$; $h \approx 1,1$; soit une **hauteur d'eau d'environ 1,1 m.**

Corrigés p. 134

Je m'entraîne

Brouillon

Exercice 1

Un rectangle *ABCD* est tel que *AB* = 1,5 cm et *BC* = 3 cm.
Dans une révolution (tour complet) autour de l'axe (*BC*) :
– la surface du rectangle *ABCD* engendre le cylindre (c'est pour cela que le cylindre est appelé « cylindre de révolution ») ;
– [*AB*] et [*DC*] engendrent les disques de base du cylindre ;
– [*AD*] engendre la surface cylindrique (ce segment est appelé « génératrice » du cylindre).

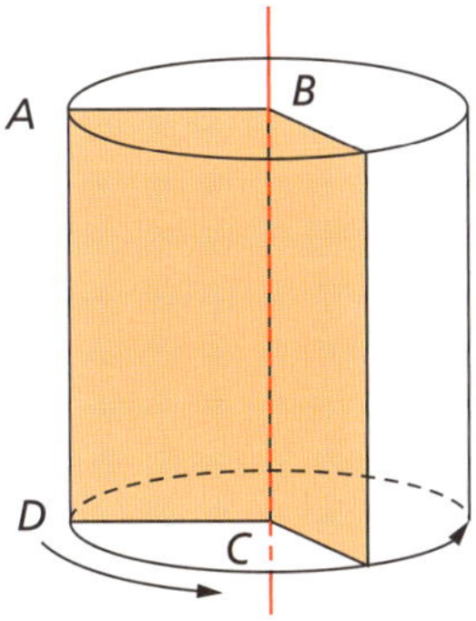

a. **Calcule l'aire de la base et l'aire de la surface cylindrique.**

....

....

b. **Calcule le volume de ce cylindre.**

....

....

Exercice 2

Une colonne cylindrique a une hauteur de 4 m et un rayon de base de 20 cm.

Calcule :

a. le périmètre de la base : ....

b. l'aire latérale : ....

c. l'aire de la base : ....

d. l'aire totale : ....

e. le volume : ....

Brouillon

Exercice 3

Deux bidons cylindriques ont une capacité de 15,7 L.
On prendra 3,14 pour π.

a. Le premier a un rayon de base de 20 cm.

Calcule sa hauteur.

....

....

b. Le second a une hauteur de 50 cm.

Calcule l'aire et le rayon de sa base.

....

....

c. **Les deux bidons ont-ils la même aire latérale ?**

....

....

Exercice 4

Un récipient cylindrique de 30 cm de diamètre et 30 cm de haut contient de l'eau jusqu'à mi-hauteur. On immerge dans ce récipient un cylindre de métal de 10 cm de diamètre et 10 cm de haut ; l'eau ne déborde pas et le cylindre est entièrement recouvert.

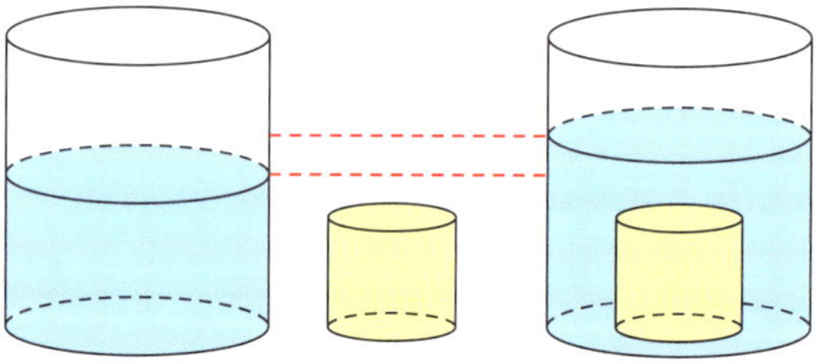

De quelle hauteur le niveau de l'eau s'est-il élevé ?

....

....

....

....

Brouillon

Exercice 5

Le rectangle ci-dessous est le développement de la surface latérale d'un cylindre.
Avec ce rectangle, on peut construire deux tubes cylindriques qui auront la même aire latérale.
On veut savoir si ces deux tubes ont le même volume.
(C'est Galilée, au XVIe siècle, qui a comparé les volumes des deux cylindres obtenus avec un même rectangle de toile.)

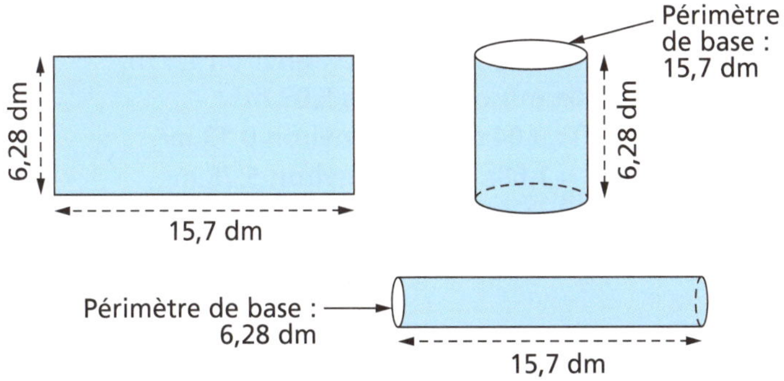

a. Détermine le rayon et l'aire de la base de chacun de ces cylindres en prenant 3,14 pour π.

b. Quel est le volume de chacun de ces cylindres ?

Corrigés des exercices

Exercice 1

a. **Base** (rayon 1,5 cm) ; aire : $1,5^2 \times \pi$ cm² = $2,25\pi$ cm² soit **environ 7,07 cm²**.
Surface cylindrique (longueur = périmètre de base = $2 \times 1,5 \times \pi$ cm = 3π cm ; largeur 3 cm) ; **aire :** $3 \times \pi \times 3$ cm² = 9π cm² soit **environ 28,27 cm²**.
b. **Volume :** $6,75\pi$ cm³ (car $2,25\pi \times 3 = 6,75\pi$) soit **environ 21,206 cm³**.

Exercice 2

Hauteur : $h = 4$ m ; rayon de la base : $R = 20$ cm $= 0,2$ m.
a. **Périmètre de la base** (formule : $p = 2\pi R$) : $0,4\pi$ m soit **environ 1,3 m**.
b. **Aire latérale** (formule : $p \times h$) : $1,6\pi$ m² soit **environ 5,03 m²**.
c. **Aire de la base** (formule : $B = \pi R^2$) : $0,04\pi$ m² soit **environ 0,13 m²**.
d. **Aire totale** : $(1,6\pi + 2 \times 0,04\pi)$ m² = $1,68\pi$ m² soit **environ 5,28 m²**.
e. **Volume** (formule : $B \times h$) : $0,16\pi$ m³ soit **environ 0,503 m³**.

Exercice 3

15,7 L = 15,7 dm³ = 15 700 cm³.
a. Aire de la base : 1 256 cm² car $20^2 \times 3,14 = 1\,256$.
Hauteur du bidon : 12,5 cm car 15 700 : 1 256 = 12,5.
b. **Aire de la base : 314 cm²** car 15 700 : 50 = 314.
Rayon de la base : 10 cm car $314 = 3,14 \times R^2$; $R^2 = 314 : 3,14 = 100$ et $R = 10$.
c. Premier bidon. Aire latérale : 1 570 cm² car $2 \times 3,14 \times 20 \times 12,5 = 1\,570$.
Second bidon. Aire latérale : 3 140 cm² car $2 \times 3,14 \times 10 \times 50 = 3\,140$.
Les deux bidons n'ont pas la même aire latérale.

Exercice 4

Le volume total dans le récipient augmente d'un volume égal à celui du cylindre de métal. Le cylindre de métal a un rayon de 5 cm et une hauteur de 10 cm, soit un volume de 250π cm³ (environ 785 cm³) car $\pi \times 5^2 \times 10 = 250\pi$.
Le liquide s'élève de la hauteur d'un cylindre ayant pour volume 250π cm³ et pour base un disque de rayon 15 cm ayant pour aire 225π cm² car $15^2 \times \pi = 225\pi$.
La formule $V = B \times h$ donne $h = \frac{V}{B}$; $h = \frac{250\pi}{225\pi} = \frac{250}{225}$; $h \approx 1,1$.
Le niveau s'élève d'environ 1,1 cm.

Exercice 5

a. Cylindre de hauteur 6,28 dm :
La longueur de la surface latérale est égale à $2\pi R$; on a : $2 \times 3,14 \times R = 15,7$.
Par suite, $R = 15,7 : 6,28$; $\boldsymbol{R = 2,5}$ **dm**.
Aire de la base : 19,625 dm² car $3,14 \times 2,5^2 = 19,625$.
Cylindre de hauteur 15,7 dm :
La longueur de la surface latérale est égale à $2\pi R$; on a : $2 \times 3,14 \times R = 6,28$.
Par suite, $R = 6,28 : 6,28$; $\boldsymbol{R = 1}$ **dm**.
Aire de la base : 3,14 dm² car $3,14 \times 1^2 = 3,14$.
b. Cylindre de hauteur 6,28 dm : V = **123,245 dm³** car $19,625 \times 6,28 = 123,245$.
Cylindre de hauteur 15,7 dm : V = **49,298 dm³** car $3,14 \times 15,7 = 49,298$.

Symétrie centrale

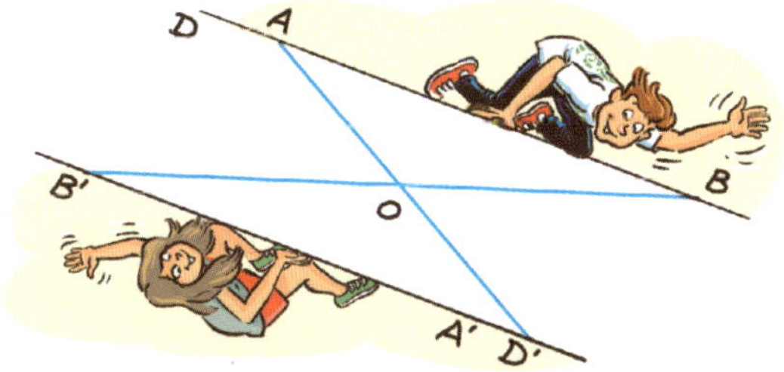

Je retiens le cours

1 Symétrique d'un point

▶ Étant donné un point *O*, le symétrique du point *A* par rapport à *O* est le point *B* tel que *O* soit le milieu du segment [*AB*].

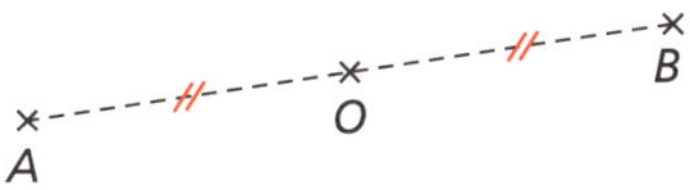

▶ Par suite, le symétrique du point *B* par rapport à *O* est le point *A*.

On dit aussi que « *A* et *B* sont symétriques par rapport à *O* ».

Dans la symétrie de centre *O*, si le point *A* a pour image le point *B* alors *B* a pour image *A*.

2 Symétrique d'une figure

▶ La symétrique d'une figure est constituée des symétriques de tous les points de la figure initiale.

▶ La symétrique d'une figure par rapport à un point *O* est une figure superposable à la figure initiale. Par suite, une symétrie centrale conserve l'alignement des points, les distances, les angles et les aires.

▶ Dans une symétrie centrale, la figure symétrique :
- d'une droite est une droite parallèle (elles peuvent être confondues) ;
- d'une demi-droite est une demi-droite parallèle et de sens contraire ;
- d'un segment est un segment de même longueur ;
- d'un angle est un angle égal.

▶ Voici un protocole de construction de la droite *D'*, symétrique d'une droite *D* par rapport à un point *O*, lorsque *O* n'appartient pas à la droite *D*.

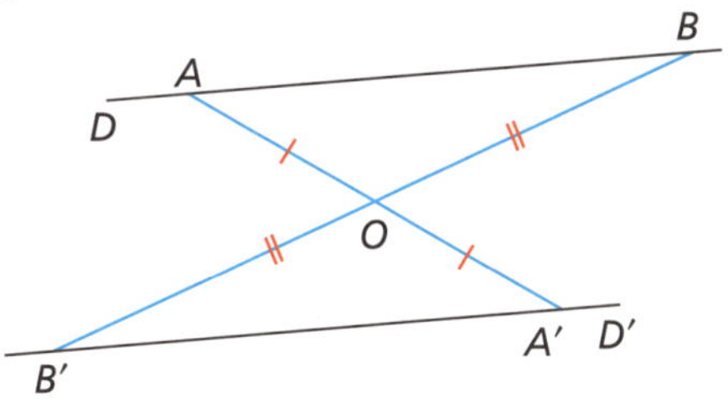

Dans l'ordre :
- on prend sur *D* deux points *A* et *B* distincts ;
- on construit *A'* et *B'* tels que *O* soit le milieu de [*AA'*] et de [*BB'*] ;
- on trace la droite passant par *A'* et *B'* que l'on appelle *D'*.

Notes

Notes

Je comprends comment faire

Construire la symétrique d'une droite

1° Soient D une droite et O un point tel que $O \notin D$.
Effectue le protocole de construction suivant :
– trace la droite Δ telle que $O \in \Delta$ et $\Delta \perp D$;
– appelle H le point tel que $H \in D$ et $H \in \Delta$;
– construis sur Δ le point K tel que O soit le milieu de $[HK]$;
– trace la droite D' tel que $K \in D'$ et $D' \perp \Delta$.

2° La droite D' est la symétrique de D par rapport à O.
Justifie cette affirmation.

1° On obtient successivement :

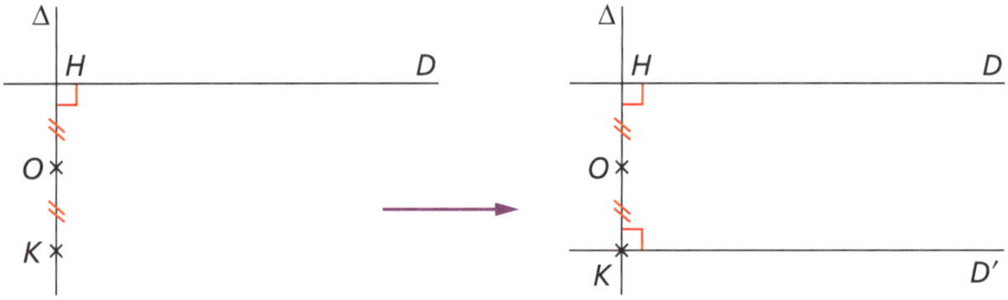

2° O est sur Δ, donc la symétrique de Δ par rapport à O est Δ.
K est le symétrique de H par rapport à O, donc la symétrique de D par rapport à O doit contenir le point K. La symétrie conserve les angles, par suite, deux droites perpendiculaires ont pour symétriques deux droites perpendiculaires ; la symétrique de D doit donc être perpendiculaire à Δ. **La droite D', perpendiculaire en K à Δ, est donc la symétrique de D par rapport à O.**

Utiliser les propriétés de la symétrie centrale

Soient (C) et (C') deux cercles de centre O.
On appelle $[MN]$ un diamètre de (C) et $[RS]$ un diamètre de (C').
Prouve que l'on a :
$(MR) // (NS)$ et $MR = NS$.

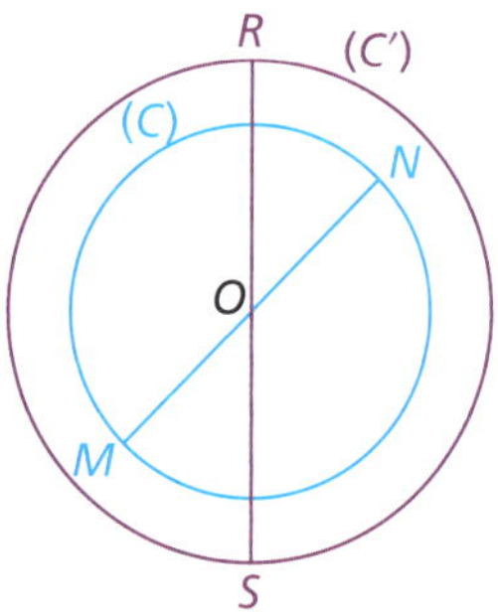

Le point O est le milieu de $[MN]$ et de $[RS]$; par suite, les symétriques des points M et R par rapport à O sont respectivement les points N et S.
Or : **Dans une symétrie centrale, une droite a pour symétrique une droite parallèle et un segment a pour symétrique un segment de même longueur.** D'où : **$(MR) // (NS)$ et $MR = NS$.**

Corrigés p. 140

Je m'entraîne

Brouillon

Exercice 1

a. En utilisant le quadrillage, construis les points A', B', C' et D' respectivement symétriques par rapport à O des points A, B, C et D.

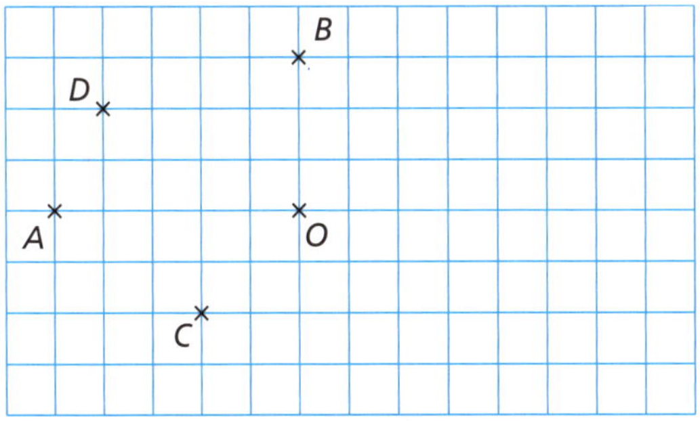

b. Nomme deux droites parallèles* : ....

Nomme deux segments de même longueur : ....

Exercice 2

a. Construis le symétrique par rapport à O de chacun des sommets du triangle ABC. Nomme E, F et G les images respectives de A, B et C.

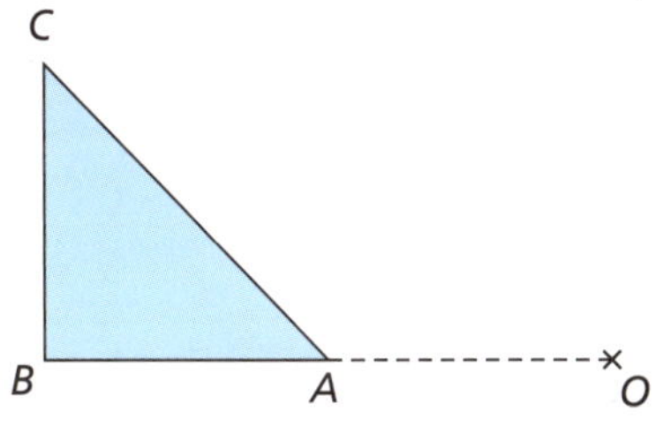

b. On sait que $BA = BC$ et $\widehat{ABC} = 90°$. Que peux-tu en déduire pour le triangle EFG ?

....

....

Brouillon

Exercice 3

On a une droite xy et un point O tel que $O \in xy$.

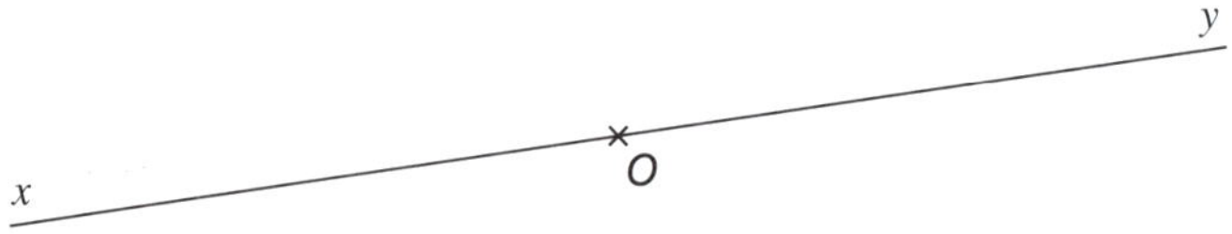

a. **Place un point *M* sur la demi-droite [Ox et un point *N* sur la demi-droite [Oy.**
Construis les point *M′* et *N′*, images respectives de *M* et *N* dans la symétrie de centre *O*.

b. **Que peux-tu en déduire pour la symétrique de la droite xy dans la symétrie de centre *O* ?**

....

....

Exercice 4

On a une droite D et un point O tel que $O \notin D$.

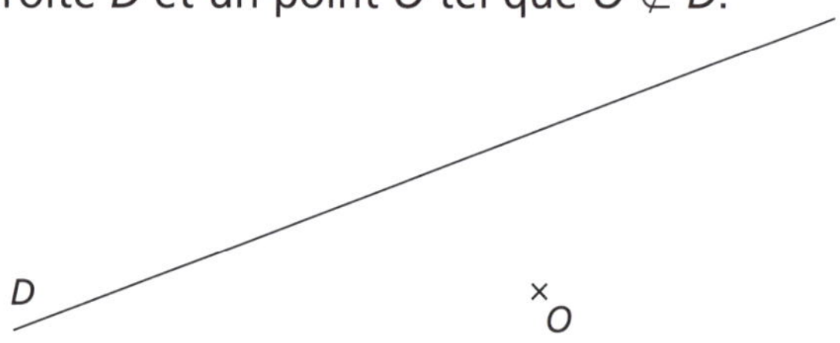

a. **Trace un cercle de centre *O* qui coupe la droite *D* en deux points *A* et *B*. Construis les points *A′* et *B′*, symétriques par rapport à *O* des points *A* et *B*.**
Trace la droite (*A′B′*). Cette droite est parallèle à *D* ; pourquoi ?

....

....

b. **Place un point *M* sur la droite *D*.**
Prouve que le point *M′*, image de *M* dans la symétrie de centre *O*, est le point d'intersection des droites (*MO*) et (*A′B′*).

....

....

Exercice 5

En utilisant le quadrillage, on a construit l'image du quadrilatère *ABCD* (Figure 1) dans la symétrie axiale* d'axe $x'x$ (Figure 2) puis dans la symétrie axiale d'axe $y'y$ (Figure 3).

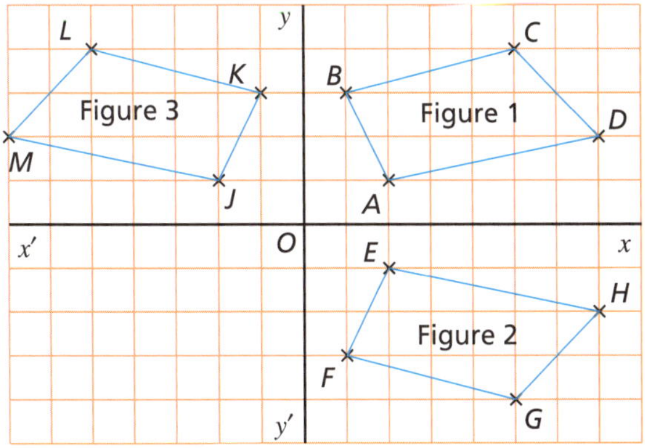

a. **Que signifie « La figure 2 est la symétrique de la figure 1 dans la symétrie axiale d'axe $x'x$ » ?**

....

....

b. **Justifie l'affirmation suivante : « La figure 2 et la figure 3 sont symétriques par rapport au point *O*. »**

....

....

Brouillon

Corrigés des exercices

Exercice 1

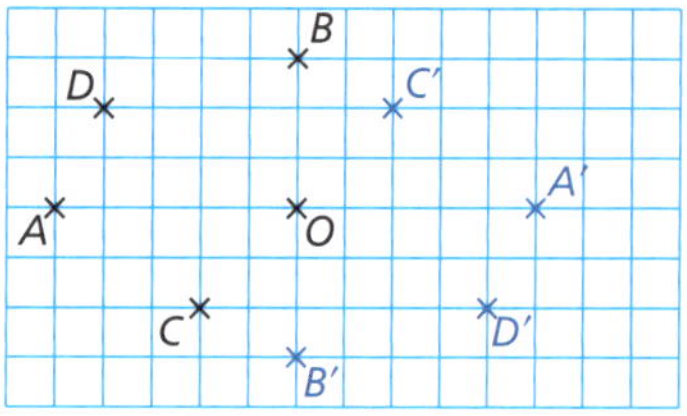

a. Figure ci-contre.

b. Par exemple :

(A′B′) // (AB) ; (B′C′) // (BC)...
C′D′ = CD ; D′A′ = DA...

Exercice 2

a.

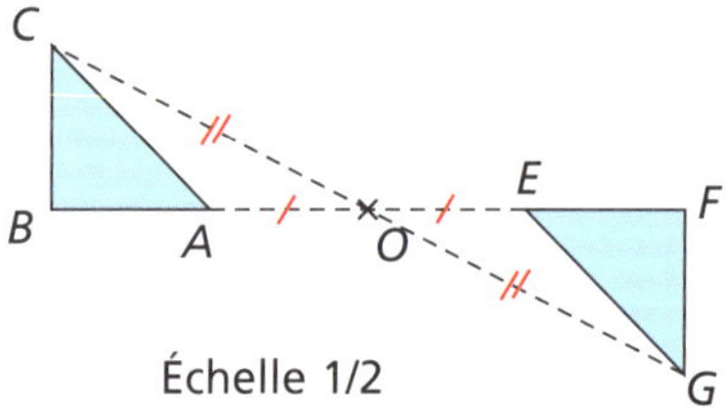

– $O \in [AE]$ et $OA = OE$ (O est le milieu de $[AE]$) ;
– $O \in [BF]$ et $OB = OF$ (O est le milieu de $[BF]$) ;
– $O \in [CG]$ et $OC = OG$ (O est le milieu de $[CG]$).

b. *ABC* est un triangle rectangle isocèle. « *La symétrie centrale conserve les longueurs et les angles.* » Par suite, $EF = AB$; $FG = BC$ et $\widehat{EFG} = \widehat{ABC} = 90°$. ***EFG* est donc aussi un triangle rectangle isocèle** ($FE = FG$ et $\widehat{EFG} = 90°$).

Exercice 3

a. Le point *M* est sur [*Ox* ; son symétrique *M′* est sur [*Oy* car *O* est le milieu de [*MM′*] ; *N* est sur [*Oy* ; son symétrique *N′* est sur [*Ox* car *O* est le milieu de [*NN′*].

b. Tout point de [*Ox* a son symétrique sur [*Oy* ; tout point de [*Oy* a son symétrique sur [*Ox* ; **tout point de *xy* a son symétrique sur *xy* ; la droite *xy* est confondue avec son image**.

Exercice 4

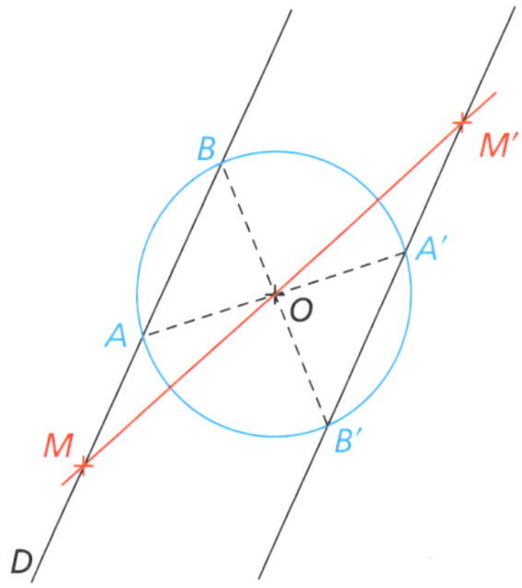

a. Le centre *O* du cercle est le milieu des diamètres [*AA′*] et de [*BB′*] ; (*A′B′*) est donc la symétrique de (*AB*). « Une droite a pour symétrique une droite parallèle » ; d'où : **(*A′B′*) // (*AB*)**.

b. La droite (*A′B′*) est la symétrique de (*AB*) par rapport à *O* ; *M* est sur (*AB*) donc son symétrique *M′* est sur (*A′B′*). La droite (*MO*) passant par *O* est confondue avec sa symétrique ; *M* est sur (*MO*) donc son symétrique *M′* est sur (*MO*). **M′ est le point d'intersection des droites (*A′B′*) et (*MO*).**

Exercice 5

a. Dire que « la figure 2 est la symétrique de la figure 1 dans la symétrie axiale d'axe *x′x* », c'est dire que **la droite *x′x* est la médiatrice de chacun des segments [*AE*], [*BF*], [*CG*] et [*DH*]**.

b. La figure 2 et la figure 3 sont symétriques par rapport au point *O* car ***O* est le milieu de chacun des segments [*EJ*], [*FK*], [*GL*] et [*HM*]** (on peut le constater grâce au quadrillage).

Parallélogramme

Je retiens le cours

1 Qu'est-ce qu'un parallélogramme ?

▶ Si un quadrilatère a ses côtés opposés parallèles, alors c'est un parallélogramme (c'est la définition).

On sait : (*AB*) // (*CD*) et (*AD*) // (*BC*).
On en déduit : *ABCD* est un parallélogramme.

▶ Si un quadrilatère a ses diagonales qui se coupent en leur milieu, alors c'est un parallélogramme.

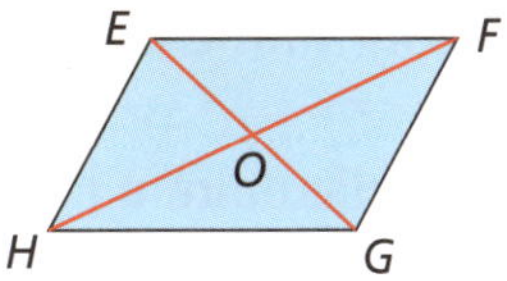

On sait : *O* est le milieu de [*EG*] et de [*FH*].
On en déduit : *EFGH* est un parallélogramme.

2 Propriétés des parallélogrammes

Dans un parallélogramme :
– les côtés opposés sont parallèles ;
– les côtés opposés ont la même longueur ;
– les diagonales se coupent en leur milieu ;
– le point d'intersection des diagonales est centre de symétrie de la figure ;
– les angles opposés sont égaux.

***Ex. :* On sait :**
KLMN est un parallélogramme.
On en déduit :
– (KL) // (NM) et (KN) // (LM) ;
– KL = NM et KN = LM ;
– O est le milieu de [KM] et de [LN] ;
– O est le centre de symétrie du parallélogramme ;
– $\widehat{KLM} = \widehat{MNK}$ et $\widehat{NKL} = \widehat{LMN}$.

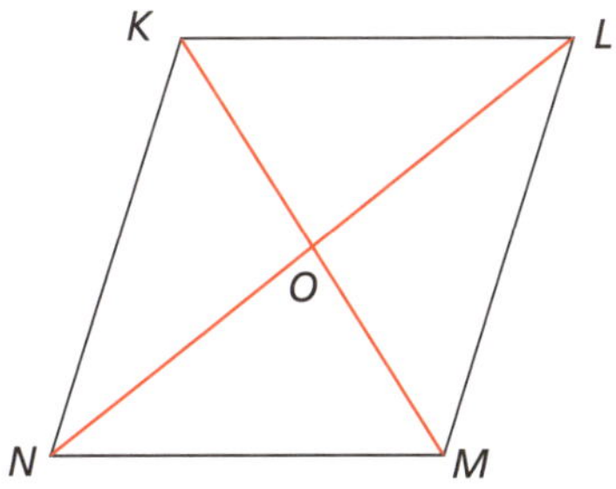

Notes

Notes

Je comprends comment faire

Reconnaître un parallélogramme

ABC est un triangle rectangle en *A*.
Par chacun des sommets on a tracé la parallèle au côté opposé :
(*GF*) // (*BC*) ; (*FE*) // (*AB*) et (*EG*) // (*CA*).

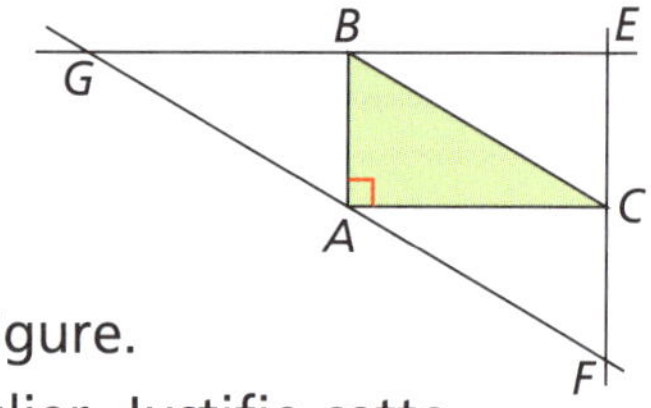

1° Nomme les parallélogrammes de la figure.

2° *ABEC* est un parallélogramme particulier. Justifie cette affirmation.

1° Par construction, on sait que (*AB*) // (*FC*) et (*AF*) // (*BC*) ; le quadrilatère *ABCF* a ses côtés opposés parallèles, ***ABCF* est donc un parallélogramme**.
De même :
– ***ACBG* est un parallélogramme** car (*AC*) // (*GB*) et (*AG*) // (*CB*) ;
– ***ABEC* est un parallélogramme** car (*AB*) // (*CE*) et (*AC*) // (*BE*).

2° On a (*EG*) // (*CA*) et (*AB*) ⊥ (*CA*). On sait : **« Si deux droites sont parallèles, toute perpendiculaire à l'une est perpendiculaire à l'autre. »**

Par suite, (*AB*) ⊥ (*EG*), c'est-à-dire $\widehat{ABE} = 90°$.
« Dans un parallélogramme, les angles opposés sont égaux. »
Par suite, $\widehat{BEC} = \widehat{BAC} = 90°$ et $\widehat{ACE} = \widehat{ABE} = 90°$.
Le parallélogramme *ABEC* a quatre angles droits ; ***ABEC* est donc un rectangle**.

Utiliser les propriétés du parallélogramme

ABC est un triangle tel que *AB* = 1,7 cm et *AC* = 2,4 cm. *M* est le milieu de [*BC*] et *A′* est le symétrique de *A* par rapport à *M*.

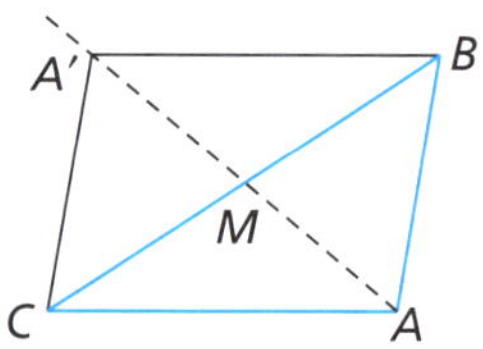

1° Prouve que *ABA′C* est un parallélogramme.

2° Calcule le périmètre du parallélogramme *ABA′C*.

1° On sait que *M* est le milieu de [*BC*]. On sait que *A′* est le symétrique de *A* par rapport à *M*, c'est-à-dire que *M* est le milieu de [*AA′*]. **« Si un quadrilatère a ses diagonales qui se coupent en leur milieu, alors c'est un parallélogramme. »**
Donc ***ABA′C* est un parallélogramme**.

2° **« Dans un parallélogramme, les côtés opposés sont de même longueur. »**

Par suite, *CA′* = *AB* = 1,7 cm et *BA′* = *AC* = 2,4 cm.
***ABA′C* a pour périmètre 8,2 cm** car 2(1,7 + 2,4) = 8,2.

Corrigés p. 146

Je m'entraîne

Brouillon

Exercice 1

Par chacun des sommets du triangle *ABC* on a tracé la parallèle au côté opposé.
On a : (*PR*) // (*AB*) ; (*QP*) // (*BC*) et (*RQ*) // (*CA*).

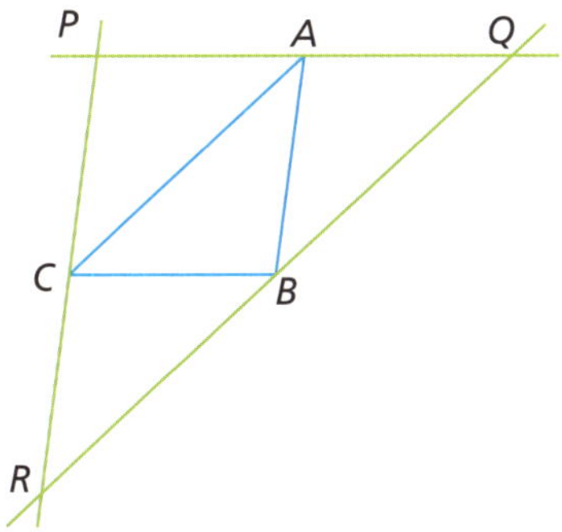

a. La figure ci-contre contient trois parallélogrammes. Justifie cette affirmation.

....

....

b. Prouve que *A* est le milieu de [*PQ*], *B* celui de [*QR*] et *C* celui de [*RP*].

....

....

Exercice 2

La figure ci-contre représente un parallélogramme *ABCD* de centre *O* et un segment [*EF*] dont *O* est le milieu.

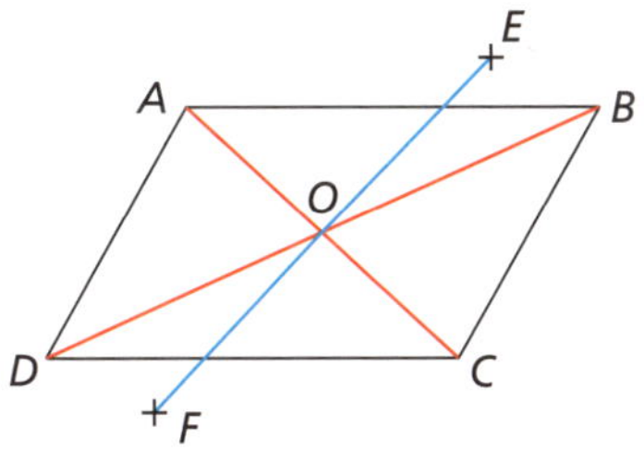

a. Quelle propriété utilises-tu pour prouver que *O* est le milieu de [*AC*] ?

....

....

b. Quelle propriété utilises-tu pour prouver que *AECF* est un parallélogramme ?

....

....

Exercice 3

ABCD est un parallélogramme. *M* est le milieu de [*BC*].
E est le point d'intersection des droites (*DM*) et (*AB*).

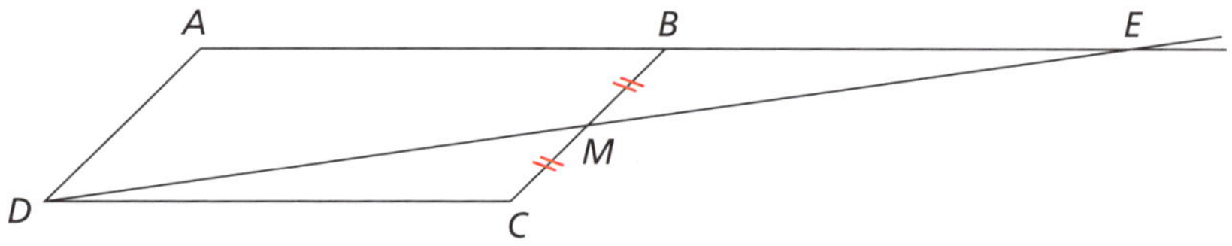

a. Complète les affirmations suivantes.

Dans la symétrie de centre *M* :

– l'image du point *C* est .... car ....

....

– l'image de la droite (*DC*) est .... car ....

....

– l'image de la droite (*DM*) est .... car ....

....

– l'image du point *D* est .... car ....

....

b. Prouve que le point *B* est le milieu de [*AE*].

....

....

....

c. Le périmètre du triangle *EBM* est égal à la moitié de celui du triangle *EAD*.

Justifie cette affirmation.

....

....

....

....

Brouillon

Brouillon

Exercice 4

ABCD est un parallélogramme de centre *O*.
Une droite Δ passant par *O* coupe le côté [*AB*] en *M* et [*CD*] en *N*.

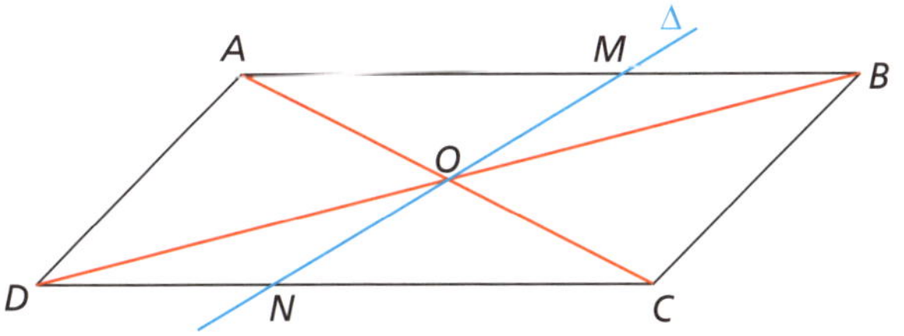

a. Complète les affirmations suivantes.

Dans la symétrie de centre *O* :

– l'image du segment [*AB*] est .... car ....

....

– l'image de la droite Δ est .... car ....

....

– l'image du point *M* est ....car ....

....

b. Prouve que l'on a (*AN*) // (*CM*) et *AN* = *CM*.

....

....

....

....

....

....

....

Corrigés des exercices

Exercice 1

a. De (*PR*) // (*AB*) on tire : (*PC*) // (*AB*) ; de (*QP*) // (*BC*) on tire (*AP*) // (*BC*) ;
le quadrilatère ***PCBA*** a ses côtés opposés parallèles, **c'est donc un parallélogramme**.
De même, ***QACB* et *RBAC* sont des parallélogrammes**.

b. « *Dans un parallélogramme, les côtés opposés ont la même longueur.* »
Le parallélogramme *PCBA* donne *CB* = *AP* ; le parallélogramme *QACB* donne *CB* = *AQ* ; on en déduit : *AP* = *AQ*. ***A*, *P* et *Q* sont alignés ; le point *A* est donc le milieu de [*PQ*].**
De même, ***B* est le milieu de [*QR*] et *C* est celui de [*RP*]**.

Exercice 2

a. **« *Dans un parallélogramme, les diagonales se coupent en leur milieu.* »**
On sait que *ABCD* est un parallélogramme, on en déduit : *O* est le milieu de [*AC*].

b. On sait que *O* est le milieu de [*AC*] (question a.) et *O* est le milieu de [*EF*] (énoncé).
Or : **« *Si un quadrilatère a ses diagonales qui se coupent en leur milieu, alors c'est un parallélogramme.* »** Donc *AECF* est un parallélogramme.

Exercice 3

a. L'image du point *C* est **le point *B*** car ***M* est le milieu de [*BC*]**.
L'image de la droite (*DC*) est **la droite (*AB*)** car **l'image de la droite (*DC*) doit à la fois contenir le point *B* et être parallèle à la droite (*DC*)**.
L'image de (*DM*) est **(*DM*)** car **le centre de symétrie est sur la droite**.
L'image du point *D* est **le point *E*** car on sait que ***D* ∈ (*DC*) et *D* ∈ (*DM*) ; on en déduit que l'image de *D* doit appartenir à l'image de (*DC*) et à l'image de (*DM*)**, c'est-à-dire aux droites (*AB*) et (*DM*), dont le seul point commun est *E*.

b. Dans le parallélogramme *ABCD* on a *AB* = *DC*.
Dans la symétrie de centre *M*, le segment [*DC*] a pour image [*EB*] ; d'où : *DC* = *EB*.
Par suite : *AB* = *EB* ; *A*, *B* et *E* sont alignés ; **le point *B* est donc le milieu de [*AE*]**.

c. *B* est le milieu de [*AE*], par suite : la longueur *EB* est la moitié de *EA*.
M est le milieu de [*BC*], par suite : la longueur *BM* est la moitié de *BC*, donc de *AD*.
M est le milieu de [*ED*], par suite : la longueur *EM* est la moitié de *ED*.
Le périmètre de *EBM* est égal à *EB* + *BM* + *ME* ; celui de *EAD* est égal à *EA* + *AD* + *DE*.
Par suite, **le périmètre de *EBM* est égal à la moitié de celui de *EAD***.

Exercice 4

a. L'image du segment [*AB*] est **le segment [*CD*]** car **les points *A* et *B* ont respectivement pour symétriques les points *C* et *D***.
L'image de la droite Δ est **la droite Δ** car ***O* ∈ Δ**.
L'image du point *M* est **le point *N*** car **on sait que *M* ∈ [*AB*] et *M* ∈ Δ ; on en déduit que son image doit appartenir à [*CD*] et à Δ** ; l'image de *M* est donc le point *N*, commun à [*CD*] et Δ.

b. Les diagonales [*AC*] et [*MN*] du quadrilatère *AMCN* se coupent en leur milieu *O*.
Or : « *Si un quadrilatère a ses diagonales qui se coupent en leur milieu, alors c'est un parallélogramme.* » Donc *AMCN* est un parallélogramme.
On sait que les côtés opposés d'un parallélogramme sont parallèles et ont la même longueur ; d'où : **(*AN*) // (*CM*)** et ***AN* = *CM***.

Parallélogrammes particuliers

Notes

Je retiens le cours

1 Axe de symétrie – Centre de symétrie

▶ Lorsqu'une figure et sa symétrique par rapport à une droite Δ (**symétrie axiale**) sont confondues, la droite Δ est un **axe de symétrie** de la figure.

▶ Lorsqu'une figure et sa symétrique par rapport à un point *O* (**symétrie centrale**) sont confondues, le point *O* est le **centre de symétrie** de la figure.

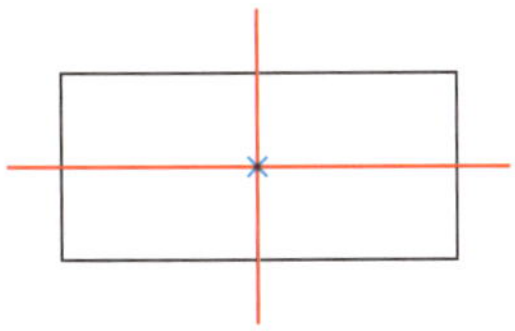

Rectangle
Deux axes de symétrie.
Un centre de symétrie.

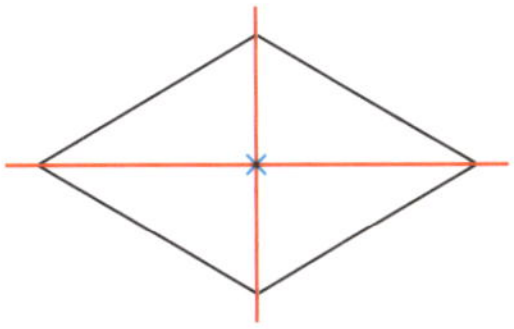

Losange
Deux axes de symétrie.
Un centre de symétrie.

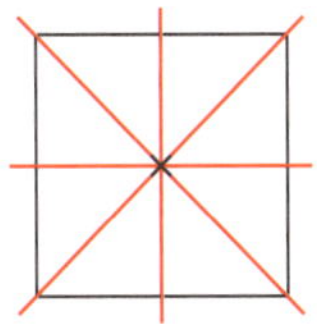

Carré
Quatre axes de symétrie.
Un centre de symétrie.

2 Reconnaître un parallélogramme particulier

▶ Si un parallélogramme a un angle droit, alors c'est un rectangle.
Si un parallélogramme a ses diagonales de même longueur, alors c'est un rectangle.

▶ Si un parallélogramme a deux côtés consécutifs de même longueur, alors c'est un losange.
Si un parallélogramme a ses diagonales perpendiculaires, alors c'est un losange.

▶ Si un parallélogramme est à la fois un rectangle et un losange, alors c'est un carré.

Je comprends comment faire

Utiliser un quadrillage pour prouver

Les points *A, B, C* et *D* ont été placés sur les nœuds d'un quadrillage 5 × 5.

1° Prouve que *ABCD* est un parallélogramme.

2° Justifie chacune des affirmations suivantes :
– *ABCD* est un rectangle ;
– *ABCD* est un losange ;
– *ABCD* est un carré.

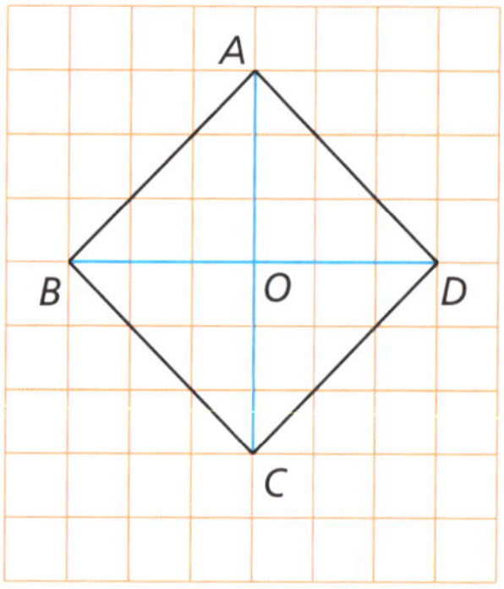

1° Le point *O* est le milieu de la diagonale [*AC*] et de la diagonale [*BD*] car $O \in [AC]$ et $OA = OC = 15$ mm ; $O \in [BD]$ et $OB = OD = 15$ mm.
On sait que : **« Si un quadrilatère a ses diagonales qui se coupent en leur milieu, alors c'est un parallélogramme »** ; par suite, ***ABCD* est un parallélogramme**.

2° **« Si un parallélogramme a ses diagonales de même longueur, alors c'est un rectangle. »** Ici, on a $AC = BD = 30$ mm ; ***ABCD* est donc un rectangle**.
« Si un parallélogramme a ses diagonales perpendiculaires, alors c'est un losange. » Ici, on a $(AC) \perp (BD)$; ***ABCD* est donc un losange**.
« Si un parallélogramme est à la fois un rectangle et un losange, alors c'est un carré » ; ***ABCD* est donc un carré**.

Justifier une affirmation

Soient (*C*) et (*C'*) deux cercles ayant le même centre *O* et *D* et *D'* deux droites perpendiculaires en *O*.
Les points *L* et *N* sont à la fois sur (*C*) et sur *D*.
Les points *M* et *P* sont à la fois sur (*C'*) et sur *D'*.
Prouve que *LMNP* est un losange.

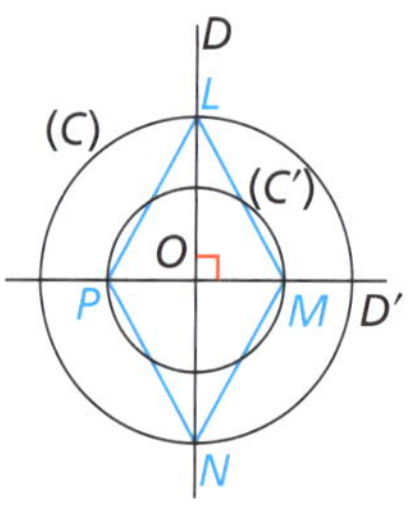

« Si les diagonales d'un quadrilatère se coupent en leur milieu, alors ce quadrilatère est un parallélogramme. » *LMNP* est un parallélogramme car *O* est le milieu de [*LN*] et de [*PM*].

« Si un parallélogramme a ses diagonales perpendiculaires, alors ce parallélogramme est un losange. » ***LMNP* est un losange** car $(LN) \perp (PM)$.

Notes

Corrigés p. 152

Je m'entraîne

Brouillon

Exercice 1

ABC est rectangle en *A* ; *M* est le milieu de [*BC*].

a. Complète la figure en construisant le point *A′*, symétrique de *A* par rapport à *M*.

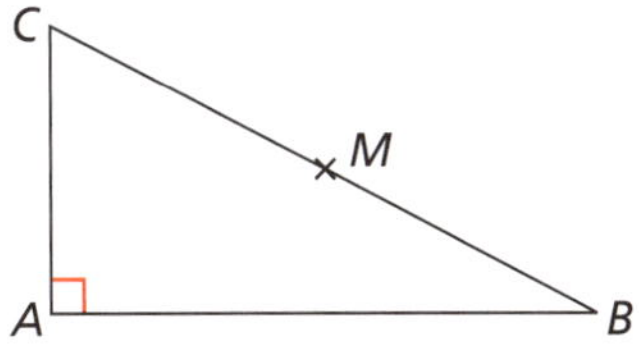

b. Prouve que *ABA′C* est un rectangle.

....

....

c. Justifie chacune des affirmations suivantes :

AA′ = *BC* car ....

AM = *BC* : 2 car ....

On vient de prouver que :

« *Dans un triangle rectangle, la médiane* * *relative à l'hypoténuse a pour longueur la moitié de celle de l'hypoténuse.* »

Exercice 2

ABC est un triangle isocèle de base [*BC*].

a. Complète la figure en construisant la parallèle à (*AC*) passant par *B* et la parallèle à (*AB*) passant par *C*.
Soit *E* le point d'intersection de ces deux droites.

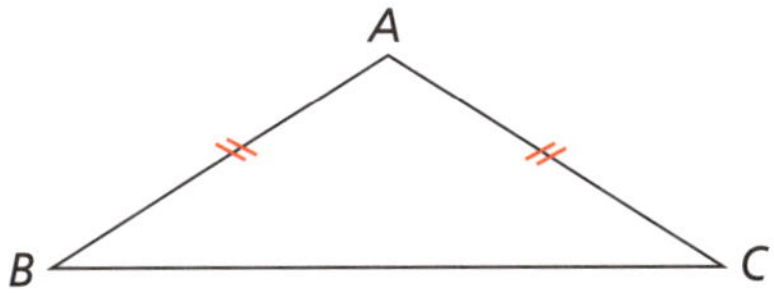

b. Prouve que *ABEC* est un losange.

....

....

....

....

Brouillon

Exercice 3

La figure ci-dessous représente un losange *ABCD* dont les diagonales se coupent en *O* et un cercle (*C*) de centre *O* qui coupe les côtés du losange en *E*, *F*, *G* et *H*.
On sait que « *le centre d'un cercle est centre de symétrie de ce cercle* ».

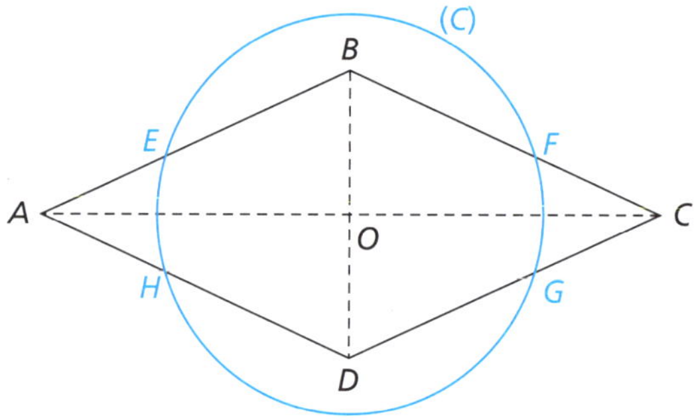

a. Complète les affirmations suivantes.

Le symétrique par rapport à *O* du segment [*AB*] est ....

car ....

....

Le symétrique par rapport à *O* du cercle (*C*) est ....

car ....

....

Le symétrique par rapport à *O* du point *E* est ....

car ....

....

b. Prouve que *EFGH* est un rectangle.

....

....

....

....

....

....

Brouillon

Exercice 4

ABCD est un losange dont les diagonales se coupent en *O* et tel que *AB* = *BC* = *CD* = *DA* = *a*. Les points *L*, *M*, *N* et *P* sont les milieux respectifs des côtés [*AB*], [*BC*], [*CD*] et [*DA*].

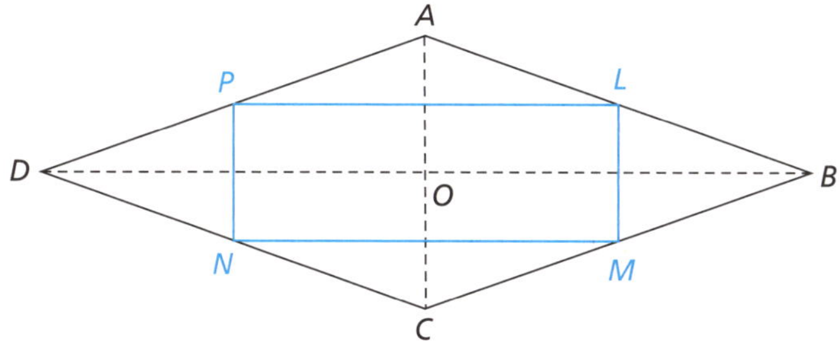

Justifie chacune des affirmations suivantes.

a. Le symétrique par rapport à *O* du segment [*AB*] est [*CD*].

....

b. Le point *O* est le milieu de [*LN*] et de [*MP*].

....

....

c. *OL* = *OM* = *ON* = *OP* = *a*/2 (cf. *exercice 1*).

....

....

....

d. *LN* = *MP* = *a*.

....

....

e. *LMNP* est un rectangle.

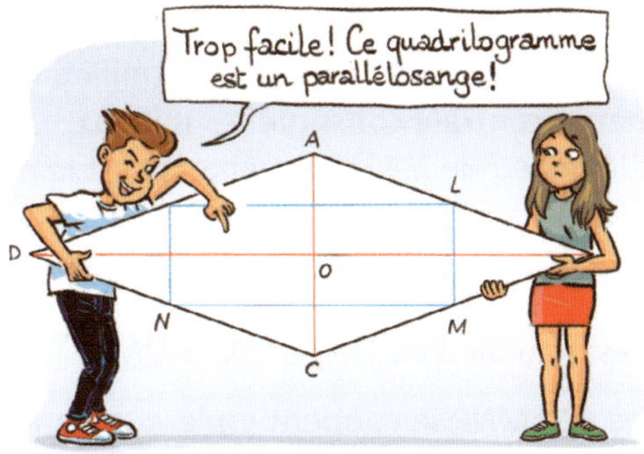

....

....

....

....

....

Corrigés des exercices

Exercice 1

a.

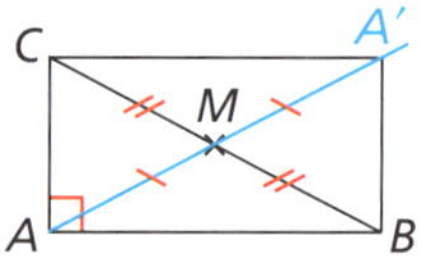

b. M est le milieu de $[BC]$ (énoncé) et de $[AA']$ (construction) ; $ABA'C$ est un parallélogramme car ses diagonales se coupent en leur milieu ; **$ABA'C$ est un rectangle** car ce parallélogramme a un angle droit ($\widehat{BAC} = 90°$).

c. $AA' = BC$ car les diagonales d'un rectangle ont la même longueur.

$AM = \dfrac{BC}{2}$ car M est le milieu de $[AA']$ et $AA' = BC$.

Exercice 2

a.

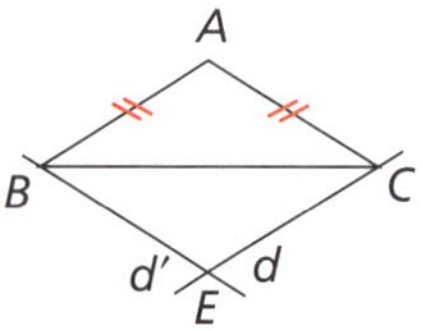

b. On a : $(BE) // (AC)$ et $(CE) // (AB)$ (par construction). $ABEC$ est un parallélogramme (définition). $ABEC$ est un losange car ce parallélogramme a deux cotés consécutifs de même longueur ($AB = AC$).

Exercice 3

a. Le symétrique par rapport à O du segment $[AB]$ est **$[CD]$** car **O est le centre de symétrie du losange $ABCD$ (O est le milieu de $[AC]$ et de $[BD]$)**.

Le symétrique par rapport à O du cercle (C) est **le cercle (C)** car **O est le centre de symétrie du cercle (O est le milieu de tous les diamètres)**.

Le symétrique par rapport à O du point E est **le point G** car **on sait que $E \in [AB]$ et $E \in (C)$ et on en déduit que l'image de E doit appartenir au segment $[CD]$ et au cercle (C) ; G est le seul point commun au segment $[CD]$ et au cercle (C), G est donc l'image de E**.

b. On sait que G est le symétrique de E par rapport à O (question **a.**) ; on prouverait de même que H est le symétrique de F par rapport à O ; O est donc le milieu des diagonales $[EG]$ et $[FH]$ de $EFGH$; $EFGH$ est donc un parallélogramme.

Les diagonales $[EG]$ et $[FH]$ sont deux diamètres du cercle (C), elles ont la même longueur ; le parallélogramme **$EFGH$ est donc un rectangle**.

Exercice 4

a. Le symétrique par rapport à O du segment $[AB]$ est le segment $[CD]$ car **O est le centre de symétrie du losange $ABCD$**.

b. Le symétrique par rapport à O du point L (milieu de $[AB]$) est le point N (milieu de $[CD]$) **car la symétrie centrale conserve les milieux.**

Par suite, O est le milieu de $[LN]$. De même, O est le milieu de $[PM]$.

c. $[OL]$ est la médiane relative à l'hypoténuse du triangle rectangle AOB, d'où $\mathbf{OL = \dfrac{a}{2}}$ (cf. *exercice 1*). De même : $\mathbf{OM = \dfrac{a}{2}}$; $\mathbf{ON = \dfrac{a}{2}}$ et $\mathbf{OP = \dfrac{a}{2}}$.

d. $\mathbf{LN = a}$ car O est le milieu de $[LN]$ et $OL = ON = \dfrac{a}{2}$. De même $\mathbf{MP = a}$.

e. Les diagonales de $LMNP$ se coupent en leur milieu (question **b.**) et ont la même longueur (question **d.**) ; par suite : **$LMNP$ est donc un rectangle**.

Parallèles et angles

Je retiens le cours

1 Symétrie centrale et égalité d'angles

▶ Deux angles opposés par le sommet sont égaux.

Les angles $\widehat{A_1}$ et $\widehat{A_2}$ sont des **angles opposés par le sommet**.
Ils sont symétriques par rapport au point A ; ils sont donc égaux ;
$\widehat{A_1} = \widehat{A_2}$.

▶ Si deux droites parallèles sont coupées par une sécante, alors :
– les angles alternes internes sont égaux ;
– les angles correspondants sont égaux.

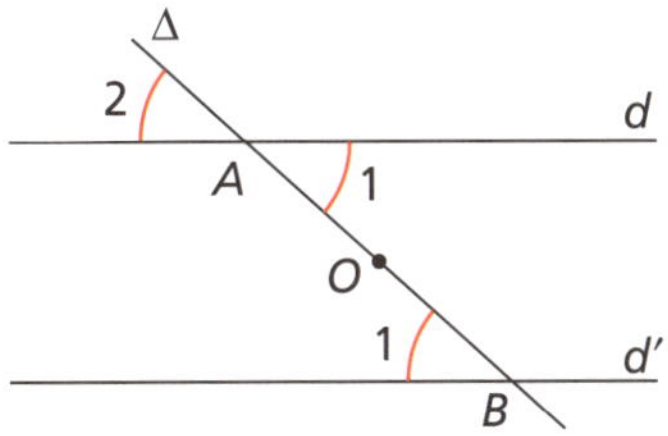

Les angles $\widehat{A_1}$ et $\widehat{B_1}$ sont de part et d'autre de la sécante Δ ; ils sont situés à l'intérieur de la bande limitée par les droites parallèles d et d' ;
on dit qu'ils occupent la position d'**angles alternes internes**.
Ils sont symétriques par rapport au point O (milieu de $[AB]$) ;
ils sont donc égaux : $\widehat{A_1} = \widehat{B_1}$.

Les angles $\widehat{A_2}$ et $\widehat{B_1}$, de sommets différents, sont situés d'un même côté de la sécante Δ ; l'un est à l'intérieur et l'autre à l'extérieur de la bande limitée par les droites parallèles d et d' ;
on dit qu'ils occupent la position d'**angles correspondants**.
On a : $\widehat{A_1} = \widehat{A_2}$ et $\widehat{A_1} = \widehat{B_1}$, par suite $\widehat{A_2} = \widehat{B_1}$.

2 Reconnaître le parallélisme à l'aide d'angles

▶ Si deux droites coupées par une troisième forment deux angles qui occupent la position d'angles alternes internes et qui sont égaux, alors ces deux droites sont parallèles (fig. 1).

Fig. 1

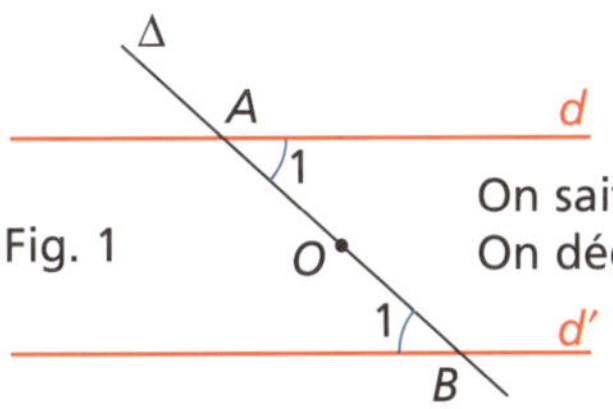

On sait : $\widehat{A_1} = \widehat{B_1}$.
On déduit : $d \mathbin{//} d'$.

▶ Si deux droites coupées par une troisième forment deux angles qui occupent la position d'angles correspondants et qui sont égaux, alors ces deux droites sont parallèles (fig. 2).

Fig. 2

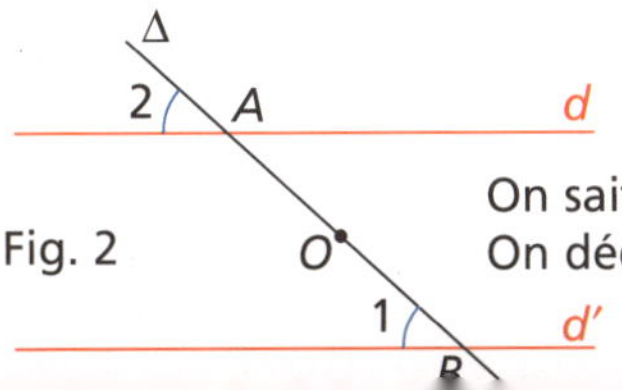

On sait : $\widehat{A_2} = \widehat{B_1}$.
On déduit : $d \mathbin{//} d'$.

Espace et géométrie

Notes

Je comprends comment faire

Notes

Trouver les paires d'angles égaux d'une figure.

Sur la figure ci-contre, on a $xy \parallel zt$;
uv est une droite sécante en A à xy et en B à zt.

1° Justifie chacune des égalités suivantes :
$\widehat{xAv} = \widehat{uAy}$; $\widehat{xAv} = \widehat{uBt}$.

2° On sait que $\widehat{xAv} = 60°$.
Calcule chacun des angles de sommet B.

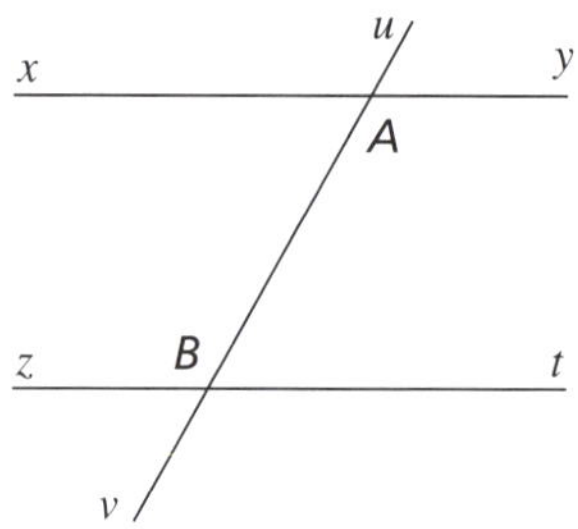

1° Les angles $\widehat{xAv}$ et $\widehat{uAy}$ occupent la position d'angles opposés par le sommet.

On sait que : **« Deux angles opposés par le sommet sont égaux. »**
D'où : $\boldsymbol{\widehat{xAv} = \widehat{uAy}}$.

Les angles $\widehat{xAv}$ et $\widehat{uBt}$ occupent la position d'angles alternes-internes pour les droites parallèles xy et zt coupées par la droite uv.

On sait que : **« Si deux droites parallèles sont coupées par une sécante, alors les angles alternes-internes sont égaux. »**
D'où : $\boldsymbol{\widehat{xAv} = \widehat{uBt}}$.

2° De $\widehat{xAv} = 60°$ on déduit $\boldsymbol{\widehat{uBt} = 60°}$ (angles alternes-internes), puis $\boldsymbol{\widehat{vBz} = 60°}$ (angle opposé par le sommet à $\widehat{uBt}$).

De $\widehat{uBz} + \widehat{uBt} = 180°$ et $\widehat{uBt} = 60°$, on déduit $\boldsymbol{\widehat{uBz} = 120°}$.

De $\widehat{vBz} + \widehat{vBt} = 180°$ et $\widehat{vBz} = 60°$, on déduit $\boldsymbol{\widehat{vBt} = 120°}$.

Reconnaître le parallélisme

En utilisant les renseignements donnés sur la figure ci-contre, prouve que $(AB) \parallel (DC)$.

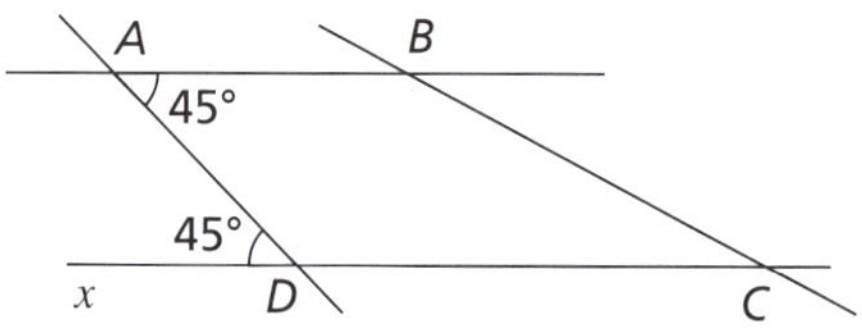

Les angles $\widehat{BAD}$ et $\widehat{ADx}$ occupent la position d'angles alternes-internes pour les droites (AB) et (DC) coupées par la sécante (AD).

On sait que : **« Si deux droites coupées par une troisième forment deux angles alternes-internes égaux, alors ces deux droites sont parallèles. »**

On en déduit : $\boldsymbol{(AB) \parallel (DC)}$.

Le quadrilatère $ABCD$ qui a deux côtés opposés parallèles est un trapèze.

Corrigés p. 158

Je m'entraîne

Brouillon

Exercice 1

Le triangle ABC est tel que $\widehat{ABC} = 45°$ et $\widehat{ACB} = 60°$.
Une droite xy, parallèle à (BC), coupe $[AB]$ en M et $[AC]$ en N.

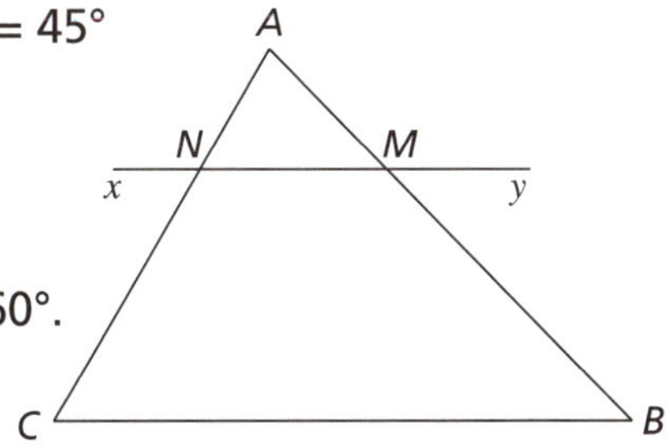

a. On a : $\widehat{AMN} = 45°$ et $\widehat{ANM} = 60°$.

Justifie chacune de ces affirmations.

....

....

b. Lorsque deux triangles ont leurs angles deux à deux égaux, on dit que ces triangles sont semblables.

Les triangles *AMN* et *ABC* sont-ils semblables ?

....

....

Exercice 2

On sait que $A \in xy$ et $xy \parallel (BC)$.

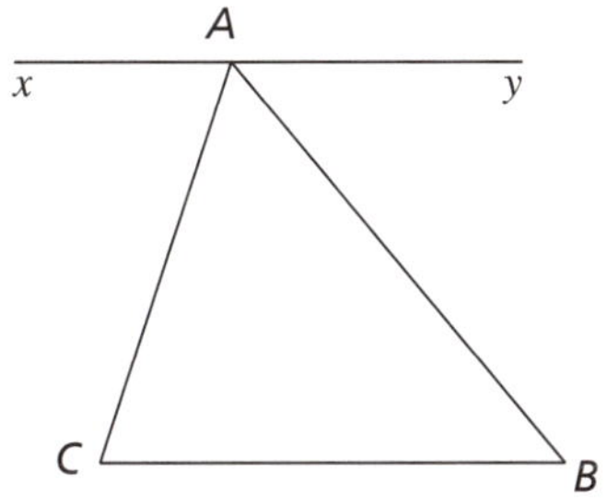

a. Prouve que $\widehat{xAC} = \widehat{ACB}$ et $\widehat{yAB} = \widehat{ABC}$.

....

....

....

b. L'angle $\widehat{xAy}$ est un angle plat ; $\widehat{xAy} = 180°$.

Que peux-tu en déduire pour la somme $\widehat{ABC} + \widehat{BAC} + \widehat{ACB}$?

....

....

Exercice 3

a. En faisant glisser une équerre le long de la droite uv, du point A jusqu'au point B, on a tracé deux droites xy et zt.
Prouve que les droites xy et uv sont parallèles.

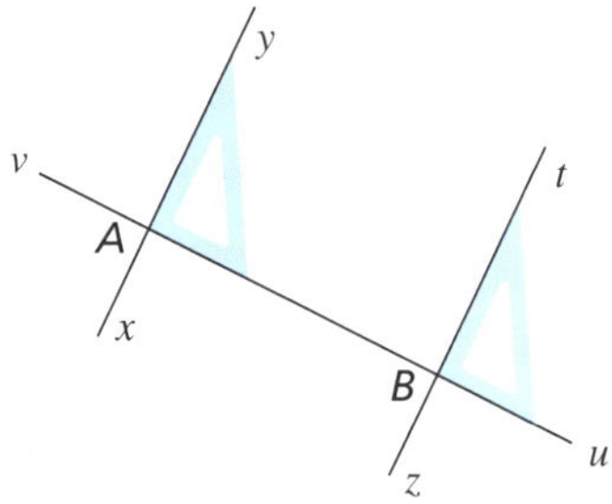

....

....

....

b. En faisant glisser un outil appelé « fausse équerre » le long de la droite uv, du point A jusqu'au point B, on a tracé deux droites xy et zt.
Les angles $\widehat{uAy}$ et $\widehat{uBt}$ sont donc égaux par construction.
Prouve que les droites xy et zt sont parallèles.

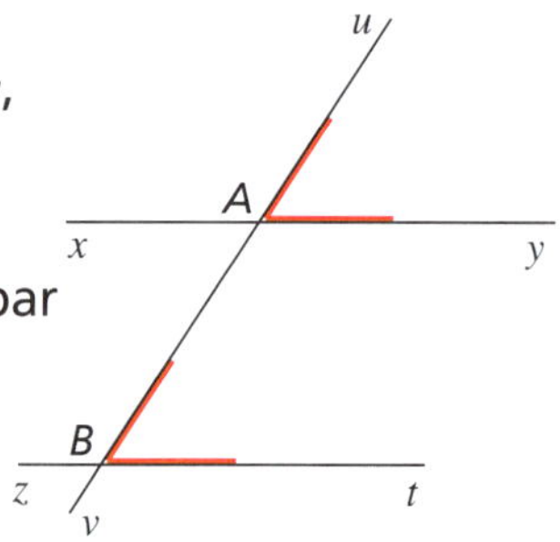

....

....

Exercice 4

ABC est un triangle isocèle de base $[BC]$.
La droite xy, parallèle à (AC), coupe $[AB]$ en M et $[BC]$ en N.

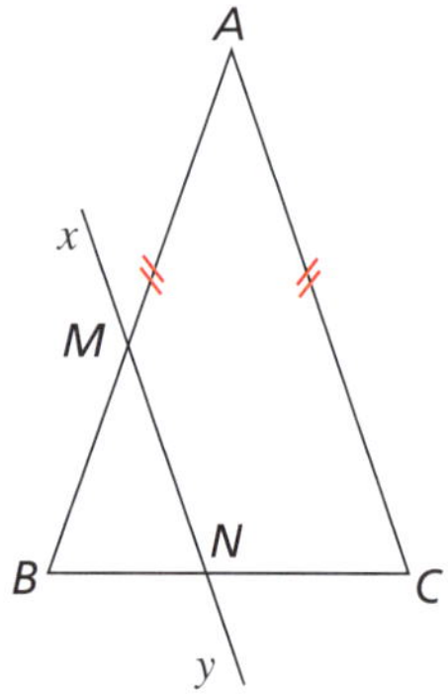

a. Quel théorème permet d'affirmer que $\widehat{ABC} = \widehat{ACB}$? ....

....

b. Prouve que $\widehat{ACB} = \widehat{MNB}$.

....

c. Prouve que MNB est un triangle isocèle.

....

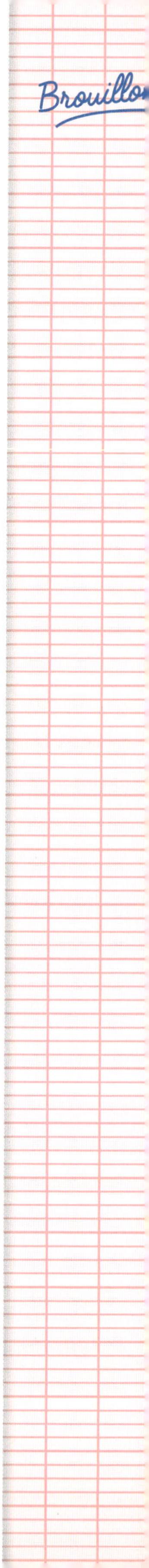

Exercice 5

Le quadrilatère *ABCD* est tel que (*AB*) // (*DC*) ; c'est un trapèze.

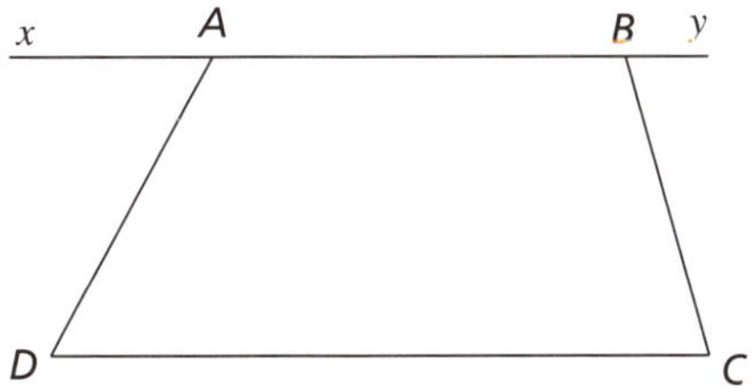

a. On appelle xy le support du côté [*AB*].
Prouve que $\widehat{xAD} = \widehat{ADC}$.

....

....

....

....

b. **Prouve que les angles $\widehat{ADC}$ et $\widehat{DAB}$ ont pour somme 180° (on dit que ce sont des angles supplémentaires).**

....

....

....

....

c. **La somme des quatre angles du trapèze* *ABCD* est égale à 360°. Justifie cette affirmation.**

....

....

....

....

....

....

Brouillon

Corrigés des exercices

Exercice 1

a. Les angles $\widehat{AMN}$ et $\widehat{ABC}$ occupent la position d'angles correspondants par rapport aux droites parallèles (*BC*) et (*MN*) coupées par la sécante (*AB*) ; ces angles sont donc égaux.
Par suite, $\widehat{AMN} = \widehat{ABC}$ et $\boldsymbol{\widehat{AMN} = 45°}$.
De même, $\widehat{ANM} = \widehat{ACB}$ **et** $\boldsymbol{\widehat{ANM} = 60°}$ [parallèles (*BC*) et (*MN*) coupées par (*AC*)].
b. On sait que $\widehat{AMN} = \widehat{ABC} = 45°$ et $\widehat{ANM} = \widehat{ACB} = 60°$ (question a.).
$\widehat{MAN} = \widehat{BAC}$ (angle commun aux deux triangles). Les triangles $\widehat{AMN}$ et $\widehat{ABC}$ ont donc leurs angles deux à deux égaux ; $\boldsymbol{\widehat{AMN}}$ **et** $\boldsymbol{\widehat{ABC}}$ **sont donc deux triangles semblables.**

Exercice 2

a. Les angles $\widehat{xAC}$ et $\widehat{ACB}$ occupent la position d'angles alternes-internes par rapport aux droites parallèles (*BC*) et xy coupées par la droite (*AC*) ; ces angles sont donc égaux ($\boldsymbol{\widehat{xAC} = \widehat{ACB}}$).
Les angles $\widehat{yAB}$ et $\widehat{ABC}$ occupent la position d'angles alternes-internes par rapport aux droites parallèles (*BC*) et xy coupées par la droite (*AB*) ; ces angles sont donc égaux ($\boldsymbol{\widehat{yAB} = \widehat{ABC}}$).
b. On a : $\widehat{xAC} = \widehat{ACB}$; $\widehat{yAB} = \widehat{ABC}$ (question a.).
Par suite : $\boldsymbol{\widehat{ABC} + \widehat{BAC} + \widehat{ACB}} = \widehat{yAB} + \widehat{BAC} + \widehat{xAC} = \widehat{xAy}$ **= 180° (angle plat).**

Exercice 3

a. Les angles $\widehat{uAy}$ et $\widehat{uBt}$ occupent la position d'angles correspondants par rapport aux droites xy et zt coupées par la sécante uv.
On a $\widehat{uAy} = \widehat{uBt} = 90°$; par suite **les droites xy et zt sont parallèles.**
Cette propriété s'énonce ainsi : « *Si deux droites sont perpendiculaires à une même troisième, alors elles sont parallèles* ».
b. Les angles $\widehat{uAy}$ et $\widehat{uBt}$ occupent la position d'angles correspondants par rapport aux droites xy et zt coupées par la sécante uv.
On a $\widehat{uAy} = \widehat{uBt}$ car l'angle de la « fausse équerre » n'est pas modifié lors du déplacement ; par suite **les droites xy et zt sont parallèles.**

Exercice 4

a. *ABC* est un triangle isocèle ; on sait que : **« *Les angles à la base d'un triangle isocèle sont égaux* »** ; d'où : $\widehat{ABC} = \widehat{ACB}$.
b. Les angles $\widehat{ACB}$ et $\widehat{MNB}$ occupent la position d'angles correspondants par rapport aux droites parallèles xy et (AC) coupées par la droite (BC) ; on en déduit : $\boldsymbol{\widehat{ACB} = \widehat{MNB}}$.
c. De $\widehat{ABC} = \widehat{ACB}$ et $\widehat{ACB} = \widehat{MNB}$ on déduit : $\widehat{ABC} = \widehat{MNB}$.
Le triangle *MNB* a deux angles à la base égaux, **il est donc isocèle**.

Exercice 5

a. Les angles $\widehat{xAD}$ et $\widehat{ADC}$ occupent la position d'angles alternes-internes par rapport aux droites parallèles xy et (*DC*) coupées par la droite (*AD*) ; d'où : $\boldsymbol{\widehat{xAD} = \widehat{ADC}}$.
b. $\boldsymbol{\widehat{ADC} + \widehat{DAB}} = \widehat{xAD} + \widehat{DAB} = \widehat{xAB}$ **= 180°** car $\widehat{xAB}$ est un angle plat.
c. On montre de même que $\widehat{BCD} + \widehat{CBA} = 180°$. **La somme des angles du trapèze est égale à 360°** car $(\widehat{ADC} + \widehat{DAB}) + (\widehat{BCD} + \widehat{CBA}) = 180° + 180° = 360°$.

Somme des angles d'un triangle

Je retiens le cours

1 Triangle quelconque

La somme des angles d'un triangle est égale à 180°.

Une démonstration est proposée page 155 (exercice 2).

2 Triangle isocèle (deux côtés de même longueur)

▸ Si un triangle est **isocèle**, alors les **angles à la base** sont **égaux**.

▸ Si un triangle a deux angles égaux, alors les côtés opposés à ces angles ont même longueur et le triangle est isocèle.

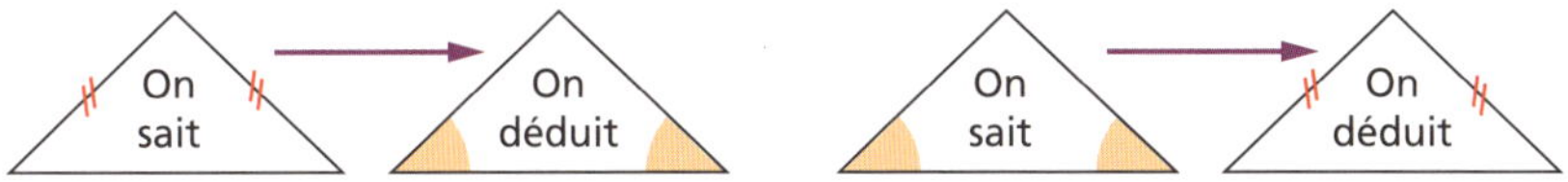

3 Triangle équilatéral (trois côtés de même longueur)

▸ Si un triangle est **équilatéral, chaque angle vaut 60°**.

▸ Si un triangle a deux angles de 60°, alors il est équilatéral (deux suffisent car le troisième vaut alors 60°).

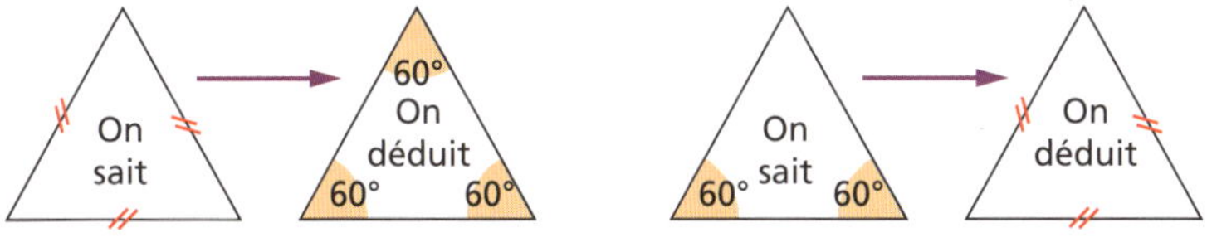

4 Triangle rectangle (un angle droit)

▸ Si un triangle est **rectangle**, alors **ses angles aigus sont complémentaires** (leur somme est égale à 90°).

▸ Si un triangle a deux angles aigus complémentaires, alors il est rectangle.

On sait : $\widehat{A} = 90°$ → On déduit : $\widehat{B} + \widehat{C} = 90°$

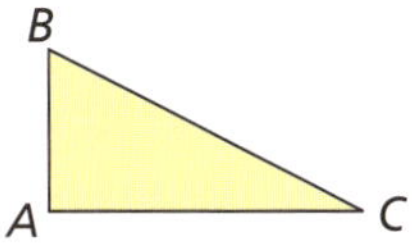

On sait : $\widehat{B} + \widehat{C} = 90°$ → On déduit : $\widehat{A} = 90°$

Notes

Je comprends comment faire

Justifier une conjecture en utilisant des angles

La figure ci-contre est telle que $AB = AC$; $\widehat{BAC} = 120°$; $(BD) \perp (BA)$ et $(CD) \perp (CA)$.

On peut conjecturer que la droite (AD) est un axe de symétrie de la figure.

On veut le prouver.

1° Calcule les angles $\widehat{ABC}$ et $\widehat{ACB}$.

2° Prouve que le triangle BCD est équilatéral.

3° Prouve que (AD) est la médiatrice de $[BC]$, puis conclus.

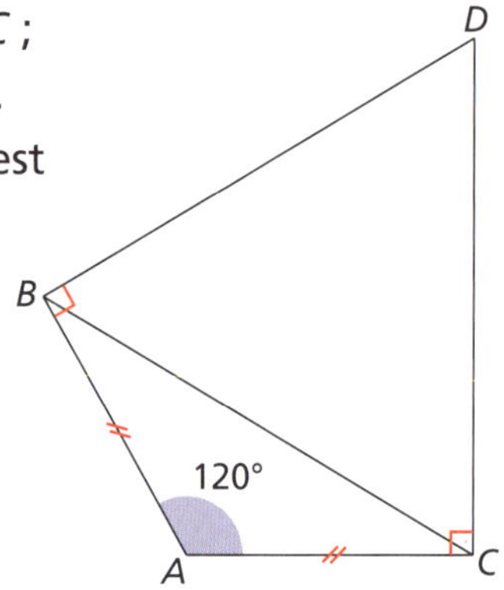

1° On sait que $AB = AC$; le triangle ABC a deux côtés de même longueur, c'est donc un triangle isocèle.

« Si un triangle est isocèle, alors les angles à la base sont égaux. »

On en déduit : $\widehat{ABC} = \widehat{ACB}$.

« La somme des angles d'un triangle est égale à 180°. »

D'où : $\widehat{ABC} + \widehat{ACB} + 120° = 180°$; $\widehat{ABC} + \widehat{ACB} = 60°$ car $180° - 120° = 60°$.

Par suite : $\boldsymbol{\widehat{ABC} = \widehat{ACB} = 30°}$ car $60° : 2 = 30°$.

2° On sait que $\widehat{ABD} = 90°$ car $(BD) \perp (BA)$ et $\widehat{ABC} = 30°$ (question 1°) ; on en déduit $\widehat{CBD} = 60°$ car $90° - 30° = 60°$.

De même $\widehat{ACD} = 90°$ car $(CD) \perp (CA)$ et $\widehat{ACB} = 30°$ (question 1°) ; on en déduit $\widehat{BCD} = 60°$ car $90° - 30° = 60°$.

Le triangle BCD a donc deux angles de 60° (le troisième est aussi égal à 60°).

« Si un triangle a deux angles de 60°, alors il est équilatéral. »

Par suite, **le triangle *BCD* est équilatéral**.

3° On sait que $AB = AC$ (énoncé) et $DB = DC$ (côtés du triangle équilatéral BCD).

« Si un point est équidistant des extrémités d'un segment, alors il appartient à la médiatrice de ce segment » (voir leçon 25).

Les points A et D sont deux points équidistants des extrémités du segment $[BC]$; **(AD) est donc la médiatrice de $[BC]$**.

Dans la symétrie d'axe (AD) les points A et D sont invariants (chacun d'eux est confondu avec son image) ; le point B a pour image C et le point C a pour image B ; la figure $ABCD$ est confondue avec son image ; **(AD) est donc un axe de symétrie de la figure**.

Notes

Corrigés p. 164

Je m'entraîne

Brouillon

110
35
145

180
145
035

65+25 → 90°
Â = 180 − 90 = 90°

Exercice 1

Calcule l'angle $\widehat{A}$ du triangle *ABC* dans chacun des cas suivants, puis précise la particularité de chacun des triangles.

a. $\widehat{B} = 110°$ et $\widehat{C} = 35°$.

Â = 35°.

→ triangle isocèle.

b. $\widehat{B} = 65°$ et $\widehat{C} = 25°$.   Â → 90°

→ triangle rectangle.

Exercice 2

Calcule les angles d'un triangle isocèle* *DEF* ayant pour base [*EF*] dans chacun des cas suivants.

a. $\widehat{E} = 54°$ (angle à la base) : ....

b. $\widehat{D} = 54°$ (angle principal) : ....

Exercice 3

Un vieux grimoire affirme : « *Un triangle isocèle qui a un angle de 60° est toujours équilatéral*.* »

Est-ce vrai dans chacun des cas de figure ?

1er cas : $\widehat{C} = 60°$ (angle à la base) ....

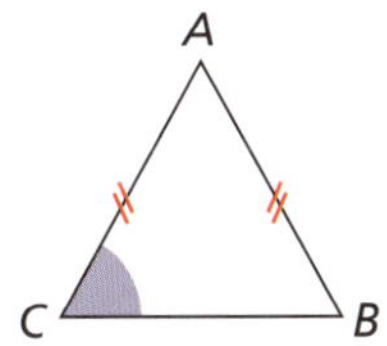

2e cas : $\widehat{A} = 60°$ (angle principal) ....

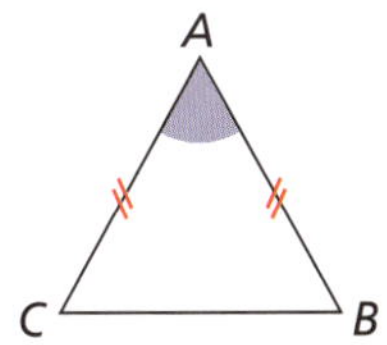

Brouillon

Exercice 4

A, *B* et *C* sont trois points d'un cercle de centre *O* tels que $\widehat{AOB} = \widehat{BOC} = 120°$.

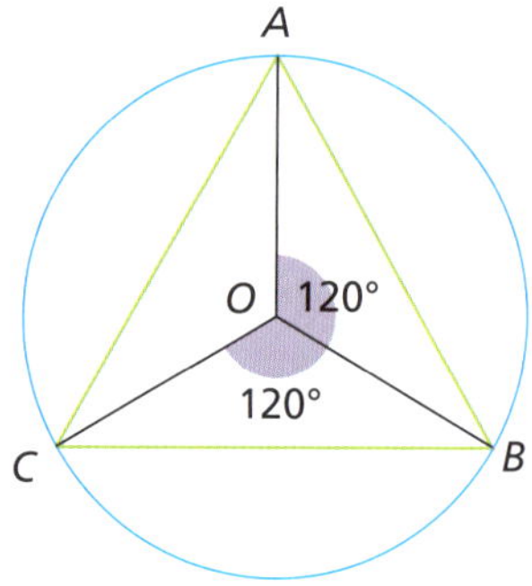

a. Calcule les angles à la base de chacun des triangles *AOB*, *BOC* et *COA*.

b. Prouve que *ABC* est un triangle équilatéral.

Exercice 5

A, *B*, *C*, *D* et *E* sont cinq points d'un cercle de centre *O* tels que $\widehat{AOB} = \widehat{BOC} = \widehat{COD} = \widehat{DOE} = \widehat{EOA} = 72°$.

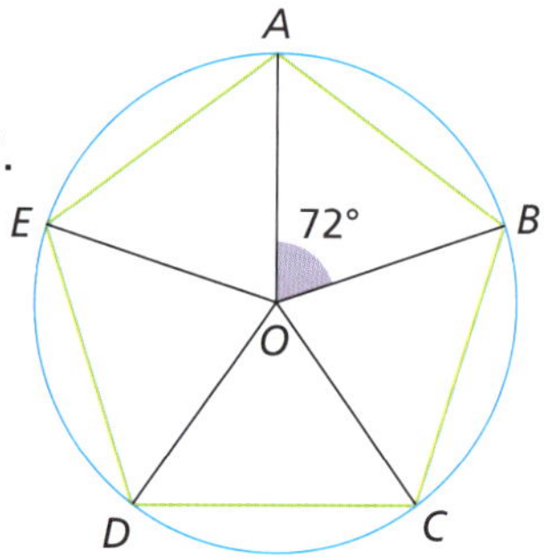

a. Calcule les angles à la base de chacun des triangles *AOB*, *BOC*, *COD*, *DOE* et *EOA*.

b. Prouve que les cinq angles du pentagone *ABCDE* sont tels que $\widehat{ABC} = \widehat{BCD} = \widehat{CDE} = \widehat{DEA} = \widehat{EAB}$.

c. La formule $S = n \times 180° - 360°$ donne la somme des angles d'un polygone convexe de *n* côtés.

Vérifie que cette formule est vraie pour le pentagone *ABCDE*.

Brouillon

Exercice 6

La figure ci-dessous représente un quadrilatère *ABCD* et une de ses diagonales.

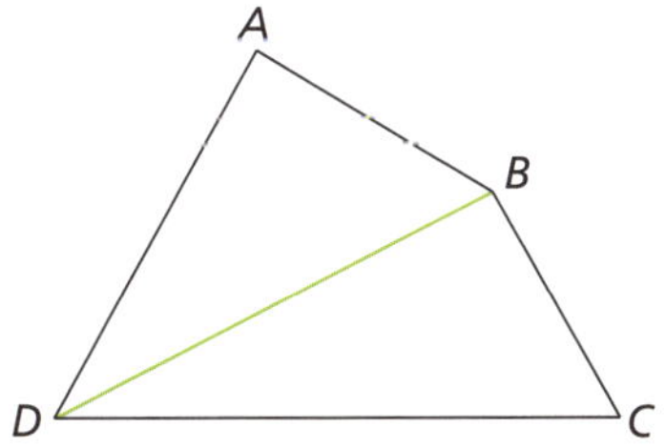

a. La somme *S* des angles de ce quadrilatère est telle que :

$S = \widehat{ABC} + \widehat{BCD} + \widehat{CDA} + \widehat{DAB}$.

$S = (\widehat{ABD} + \widehat{DBC}) + \widehat{BCD} + (\widehat{CDB} + \widehat{BDA}) + \widehat{DAB}$.

Si on modifie l'ordre des termes, on peut écrire :

$S = (\widehat{ABD} + \widehat{BDA} + \widehat{DAB}) + (\widehat{BCD} + \widehat{CDB} + \widehat{DBC})$.

Déduis-en la somme des angles du quadrilatère *ABCD*.

....

....

....

....

b. Le quadrilatère *ABCD* est tel que $\widehat{ADC} = \widehat{DCB} = 60°$ et $\widehat{CBA} = 150°$.

Détermine $\widehat{BAD}$.

....

....

....

....

Corrigés des exercices

Exercice 1

a. « *La somme des angles d'un triangle est égale à 180°* » ; $\widehat{A} + \widehat{B} + \widehat{C} = 180°$;
$\widehat{A} + 110° + 35° = 180°$; $\widehat{A} + 145° = 180°$; $\widehat{A} = 180° - 145°$; $\boldsymbol{\widehat{A} = 35°}$.

Le triangle *ABC* a deux angles égaux ($\widehat{C} = \widehat{A} = 35°$), c'est donc un **triangle isocèle**.

b. $\widehat{A} + \widehat{B} + \widehat{C} = 180°$; $\widehat{A} + 65° + 25° = 180°$; $\widehat{A} + 90° = 180°$; $\widehat{A} = 180° - 90°$;
$\boldsymbol{\widehat{A} = 90°}$.

Le triangle *ABC* a un angle de 90°, c'est donc un **triangle rectangle**.

Exercice 2

a. $\widehat{D} + \widehat{E} + \widehat{F} = 180°$ et $\widehat{E} = \boldsymbol{\widehat{F} = 54°}$ (angles à la base égaux) ; $\widehat{D} + 2 \times 54° = 180°$;
$\widehat{D} = 180° - 108°$; $\boldsymbol{\widehat{D} = 72°}$.
b. $\widehat{D} + \widehat{E} + \widehat{F} = 180°$; $\widehat{D} = 54°$ et $\widehat{E} = \widehat{F}$; $54° + 2 \times \widehat{E} = 180°$; $2 \times \widehat{E} = 180° - 54°$;
$2 \times \widehat{E} = 126°$; $\boldsymbol{\widehat{E} = \widehat{F} = 63°}$ car $126° : 2 = 63°$.

Exercice 3

1er cas. « *Les angles à la base d'un triangle isocèle sont égaux* » ; d'où : $\widehat{B} = \widehat{C} = 60°$.
« *La somme des angles est égale à 180°* » ; d'où : $\widehat{A} = 180° - 2 \times 60° = 60°$.
Le triangle *ABC* a trois angles de 60°, ***ABC* est donc équilatéral**.

2e cas. On a : $\widehat{B} = \widehat{C}$ et $\widehat{A} = 60°$; $\widehat{A} + \widehat{B} + \widehat{C} = 180°$; $60° + 2 \times \widehat{B} = 180°$;
$2 \times \widehat{B} = 180° - 60°$; $2 \times \widehat{B} = 120°$; $\widehat{B} = 60°$; *ABC* a trois angles de 60°, ***ABC* est donc équilatéral**.

Exercice 4

a. Le triangle *OAB* est isocèle ; on a : $\widehat{OAB} = \widehat{OBA}$ et $120° + \widehat{OAB} + \widehat{OBA} = 180°$;
$\boldsymbol{\widehat{OAB} = \widehat{OBA} = 30°}$ car $(180° - 120°) : 2 = 30°$. De même, $\boldsymbol{\widehat{OBC} = \widehat{OCB} = 30°}$.
$\widehat{AOC} = 120°$ car $360° - 2 \times 120° = 120°$; par suite, $\boldsymbol{\widehat{OCA} = \widehat{OAC} = 30°}$.

b. $\widehat{ABC} = \widehat{OBA} + \widehat{OBC} = 30° + 30° = 60°$. De même : $\widehat{BCA} = 60°$ et $\widehat{CAB} = 60°$.
Le triangle *ABC* a trois angles de 60°, ***ABC* est donc équilatéral**.

Exercice 5

a. Le triangle *OAB* est isocèle ; on a : $\widehat{OAB} = \widehat{OBA}$ et $72° + \widehat{OAB} + \widehat{OBA} = 180°$;
$\boldsymbol{\widehat{OAB} = \widehat{OBA} = 54°}$ car $(180° - 72°) : 2 = 54°$.
De même, dans chaque triangle, les angles à la base valent 54°.

b. $\boldsymbol{\widehat{ABC}} = \widehat{OBA} + \widehat{OBC} = 54° + 54° = \mathbf{108°}$.
On prouve de même que **les quatre autres angles du pentagone valent 108°**.
c. Avec $n = 5$, la formule donne $\boldsymbol{S = 540°}$ car $5 \times 180° - 360° = 540°$.
On sait que chaque angle vaut 108° (question b.) et on a : $\mathbf{5 \times 108° = 540°}$.

Exercice 6

a. La somme des angles d'un triangle est égale à 180°.
$\widehat{ABD} + \widehat{BDA} + \widehat{DAB} = 180°$ et $\widehat{BCD} + \widehat{CDB} + \widehat{DBC} = 180°$; par suite $\boldsymbol{S = 360°}$.

b. $\widehat{BAD} = 360° - (60° + 60° + 150°)$; $\boldsymbol{\widehat{BAD} = 90°}$.

SÉANCE DU ....

Médiatrice d'un segment

Notes

Je retiens le cours

1 Médiatrice d'un segment

- La médiatrice d'un segment est la droite perpendiculaire à ce segment en son milieu.
- Si un point est sur la médiatrice d'un segment, alors il est équidistant (à égale distance) des extrémités de ce segment.

On sait :
Δ est la médiatrice de $[AB]$
$M \in \Delta$
On déduit :
$MA = MB$.

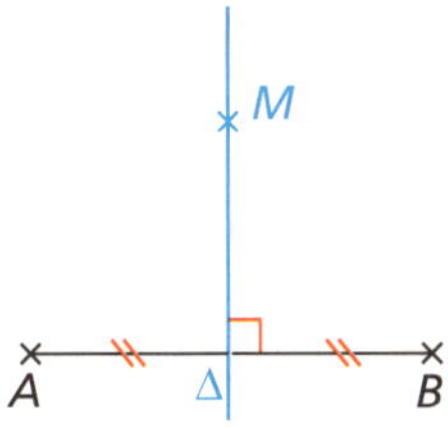

- Si un point est équidistant des extrémités d'un segment, alors il est sur la médiatrice de ce segment.

On sait :
$MA = MB$.
On déduit :
M appartient à la médiatrice de $[AB]$.

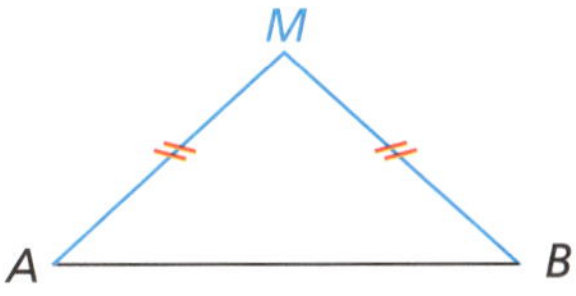

2 Médiatrices des côtés d'un triangle

Les médiatrices des trois côtés d'un triangle se coupent en un point qui est le centre du cercle passant par les trois sommets du triangle (**cercle circonscrit au triangle**).

Deux médiatrices suffisent pour déterminer le centre du cercle circonscrit.

On sait :
Δ_1 est la médiatrice de $[AB]$
Δ_2 est la médiatrice de $[BC]$
$O \in \Delta_1$ et $O \in \Delta_2$
On déduit :
$OA = OB$ et $OB = OC$; d'où $OA = OB = OC$ (rayon du cercle passant par A, B et C).

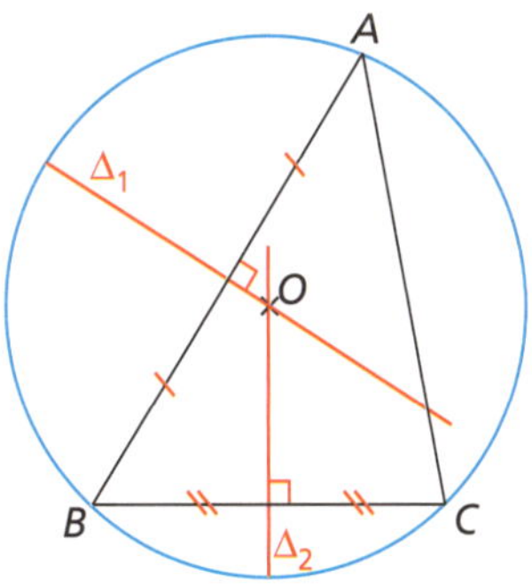

Je comprends comment faire

Utiliser la propriété caractéristique des points de la médiatrice d'un segment

Soit $[AB]$ un segment de 27 mm.

1° Trace deux arcs de cercles de rayon 20 mm, l'un de centre A, l'autre de centre B, se coupant en un point P. Trace deux arcs de cercles de rayon 25 mm, l'un de centre A, l'autre de centre B, se coupant en un point P'.

2° Prouve que la droite (PP') est la médiatrice de $[AB]$.

1°

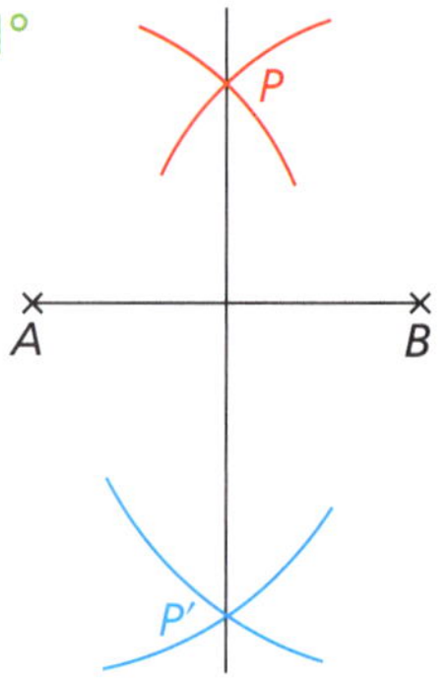

2° Par construction, on a :
– $PA = PB$; P est équidistant de A et de B ;
– $P'A = P'B$; P' est équidistant de A et de B.
« Si un point est équidistant des extrémités d'un segment, alors ce point est sur la médiatrice de ce segment. »

On en déduit : P et P' sont deux points de la médiatrice de $[AB]$; **la droite (PP') est donc la médiatrice de $[AB]$** et on a : $(PP') \perp (AB)$.

La démonstration est la même si P et P' sont situés dans un même demi-plan de frontière (AB).

Construire le cercle circonscrit à un triangle isocèle

Soient ABC un triangle isocèle et M le milieu de la base $[BC]$.

1° Prouve que la droite (AM) est la médiatrice de $[BC]$.

2° Construis le cercle circonscrit à ce triangle.

1° On sait que :
– ABC est un triangle isocèle de base $[BC]$; par suite $AB = AC$ et le point A est équidistant de B et de C ;
– M est le milieu de $[BC]$; $MB = MC$ et le point M est équidistant de B et de C.

Or : **« Si un point est équidistant des extrémités d'un segment, alors ce point est sur la médiatrice de ce segment. »**

Donc : **(AM) est la médiatrice de $[BC]$**.

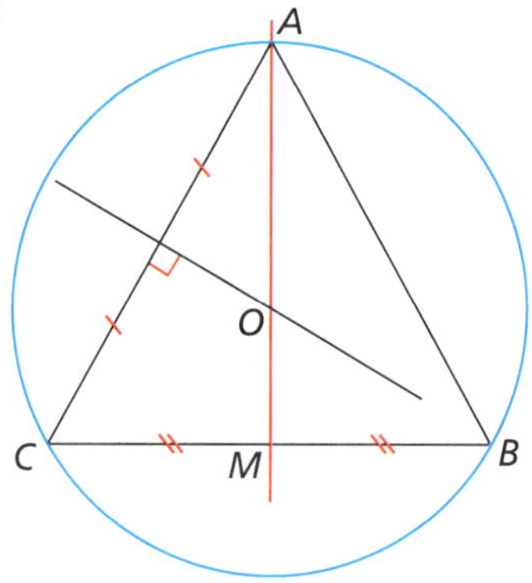

2° On construit une seconde médiatrice.
Le centre O du cercle circonscrit est le point d'intersection des deux médiatrices.
On trace le cercle de centre O et de rayon OA ; il passe par les trois sommets du triangle.

Notes

Je m'entraîne

Corrigés p. 170

Brouillon

Exercice 1

Le triangle ABC est tel que $\widehat{BCA} = 60°$ et $AB < AC$.
La droite Δ est la médiatrice du côté $[BC]$ du triangle ABC ; Δ coupe la droite (AB) en M et la droite (AC) en N.

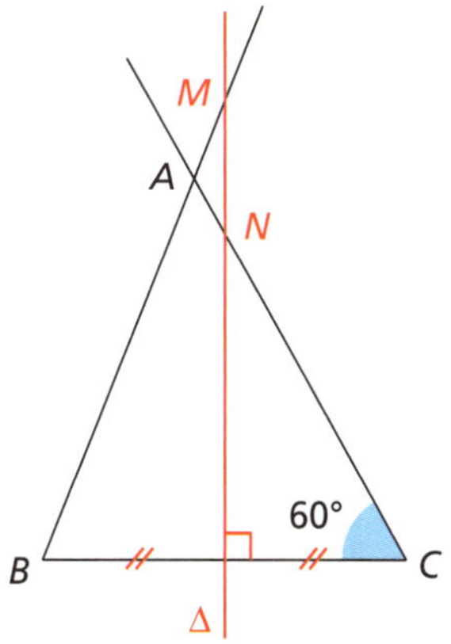

a. Prouve que le triangle *MBC* est un triangle isocèle*.

....

....

....

....

b. Prouve que le triangle *NBC* est un triangle équilatéral*.

....

....

....

Exercice 2

Construis le cercle circonscrit au triangle *MNP*.

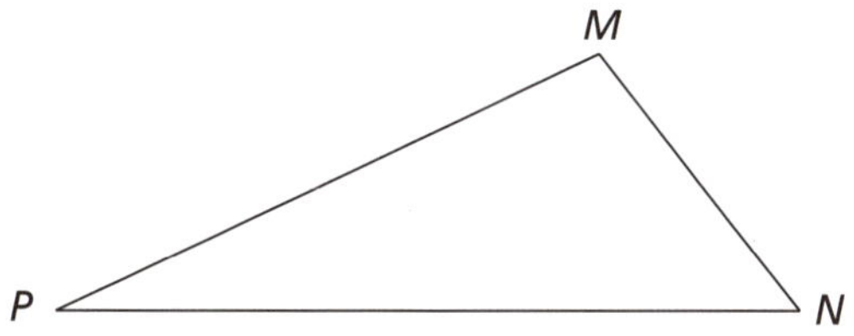

Exercice 3

Un vieux grimoire affirme : « Pour un triangle rectangle*, le centre du cercle circonscrit est le milieu de l'hypoténuse. »
Tu peux le prouver en étudiant la figure ci-dessous.

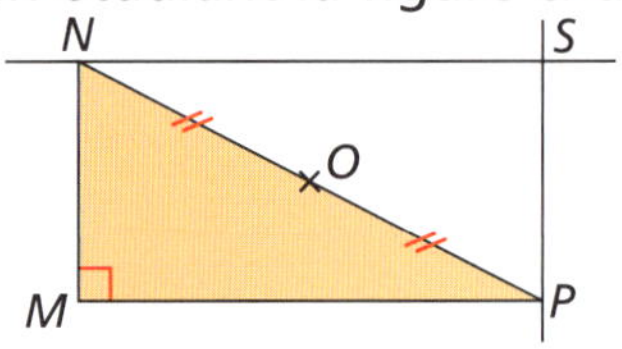

MNP est un triangle rectangle en *M*. Le point *O* est le milieu de l'hypoténuse [*NP*]. La parallèle à (*MP*) passant par *N* coupe en *S* la parallèle à (*MN*) passant par *P*.

a. Prouve que *MNSP* est un rectangle.

....

....

....

b. Prouve que *OM* = *ON* = *OP*.
Que peux-tu en déduire pour le point *O* ?

....

....

c. Le quadrilatère *ABCD* est tel que $\widehat{ABC} = \widehat{ADC} = 90°$.

Prouve qu'il existe un cercle passant par les quatre sommets (cercle circonscrit au quadrilatère *ABCD*).

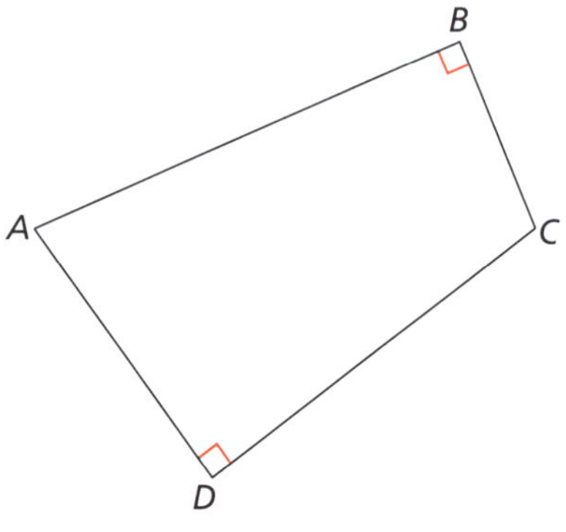

....

....

....

Brouillon

Brouillon

Exercice 4

M, *N* et *P* sont trois points du cercle* (*C*) de centre *O*.
Les points *M′*, *N′* et *P′* sont les milieux respectifs des côtés [*PN*], [*PM*] et [*MN*] du triangle *MNP*.

Prouve que les droites (*OM′*), (*ON′*) et (*OP′*) sont respectivement perpendiculaires aux côtés [*PN*], [*PM*] et [*MN*] du triangle.

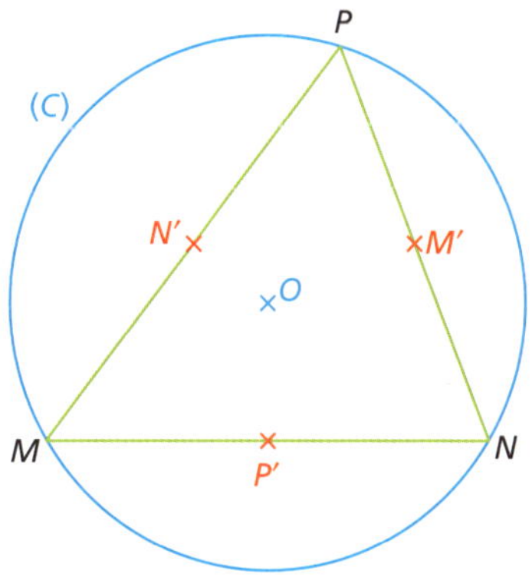

....

....

....

....

Exercice 5

Le schéma ci-dessous représente la position de trois villages sur une carte à l'échelle 1/200 000.
On veut placer un relais téléphonique à égale distance des trois villages.

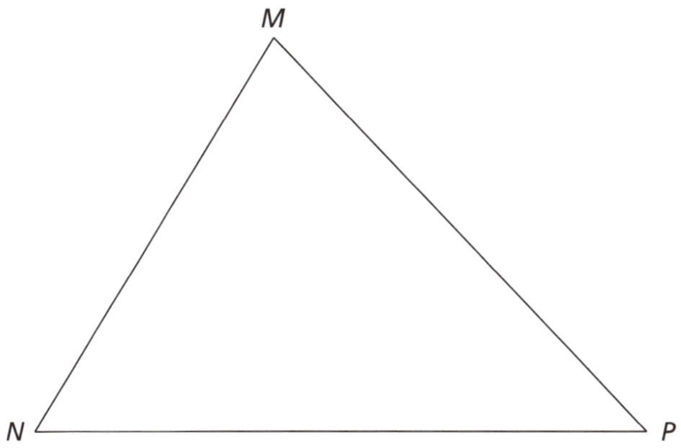

a. Construis sur la figure le point *R* où doit se situer ce relais.

b. Après avoir mesuré sur le schéma la distance du point *R* à l'un des villages, calcule la distance réelle entre le relais et chacun de ces villages.

Distance sur le schéma : ....

Distance réelle : ....

Corrigés des exercices

Exercice 1

a. On sait que M est sur la médiatrice de $[BC]$.
Or : « *Si un point est sur la médiatrice d'un segment, alors il est équidistant des extrémités de ce segment.* »
Donc $MB = MC$; **le triangle *MBC* est isocèle**.

b. N est sur la médiatrice de $[BC]$, il est donc équidistant de B et de C ; $NB = NC$ et NBC est isocèle.
Le triangle isocèle NBC a un angle de 60°, cela suffit pour affirmer que ***NBC* est équilatéral** (voir leçon 24, exercice 3).

Exercice 2

On trace les médiatrices de deux côtés pour obtenir le point O, centre du cercle. Le cercle de centre O et de rayon OP passe par M et par N (figure réduite ci-contre).

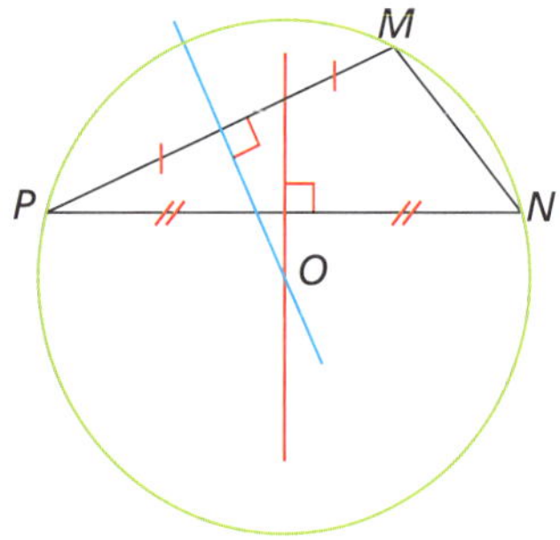

Exercice 3

a. On sait que (NS) // (MP) et (PS) // (MN) ; $MNSP$ est donc un parallélogramme.
On sait que $\widehat{M} = 90°$. Or : « *Si un parallélogramme a un angle droit, alors c'est un rectangle* » ; ***MNSP* est donc un rectangle**.

b. Le point O est le milieu de la diagonale $[NP]$ du rectangle $MNSP$.
On sait que : « *Les diagonales d'un rectangle se coupent en leur milieu et ont la même longueur.* » On en déduit : $\boldsymbol{OM = ON = OP}$. Par suite, le point **$O$ est donc le centre du cercle circonscrit au triangle rectangle *MNP***.

c. Soit K le milieu de $[AC]$; K est le centre du cercle circonscrit au triangle rectangle ABC et au triangle rectangle ADC (question b.). **Le cercle de centre *K* et de rayon *KA* passe par les points *B*, *C* et *D*** ; il est circonscrit au quadrilatère $ABCD$.

Exercice 4

Le point M' est équidistant de N et de P car M' est le milieu de $[NP]$; le point O est équidistant de N et de P car $ON = OP$ = rayon du cercle ; M' et O sont deux points de la médiatrice de $[NP]$; $(M'O)$ est la médiatrice de $[NP]$, par suite : $\boldsymbol{(OM') \perp (NP)}$.
On démontre de même que $\boldsymbol{(ON') \perp (PM)}$ et $\boldsymbol{(OP') \perp (MN)}$.

Exercice 5

a. Le point R doit être équidistant des trois points M, N et P ; R doit être le point d'intersection des médiatrices des côtés du triangle MNP (centre du cercle circonscrit).

b. Sur le schéma on a ***RM* = 3,8 cm** (ici, la figure est réduite).
À l'échelle 1/200 000, 1 cm sur la carte représente 200 000 cm, soit 2 km sur le terrain.
La **distance réelle** entre le relais et chacun des trois villages est de **7,6 km** car $3{,}8 \times 2 = 7{,}6$.

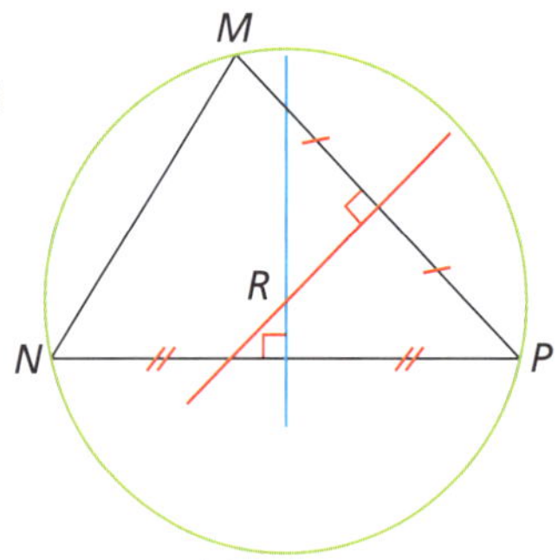

Échelle 1/2

Notes

Construire un triangle

Je retiens le cours

1 Inégalité triangulaire

▶ M, A et B étant trois points du plan, on a toujours $MA + MB \geqslant AB$.
Ce résultat est appelé « inégalité triangulaire ».

▶ Dans un triangle, un côté est inférieur à la somme des deux autres.

On sait : $M \in [AB]$.
On déduit : $MA + MB = AB$.

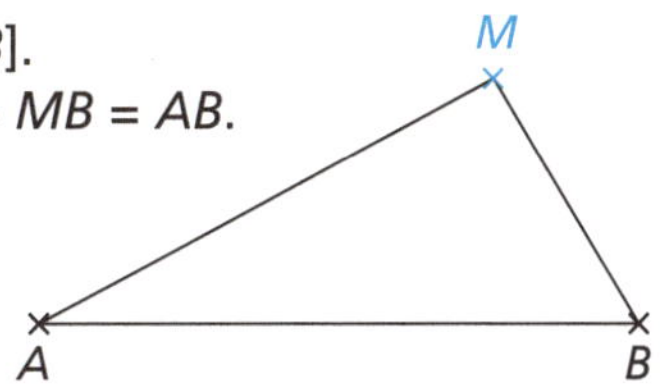

On sait : $M \notin [AB]$.
On déduit : $MA + MB > AB$.

2 Cas d'égalité des triangles

▶ Si deux triangles ont un côté de même longueur adjacent à deux angles respectivement égaux, alors ces triangles sont superposables (on dit qu'ils sont égaux).

▶ Si deux triangles ont un angle égal compris entre deux côtés respectivement de même longueur, alors ces triangles sont superposables (on dit qu'ils sont égaux).

▶ Si deux triangles ont les trois côtés respectivement de même longueur, alors ces triangles sont superposables (on dit qu'ils sont égaux).

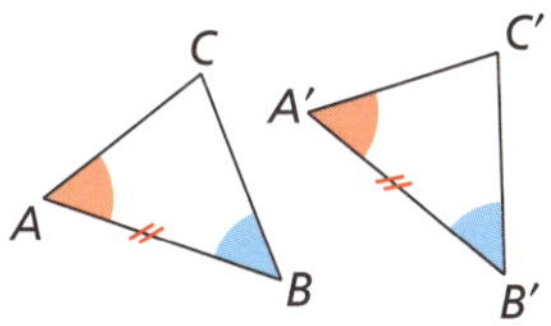

On sait : $AB = A'B'$; $\widehat{A} = \widehat{A'}$ et $\widehat{B} = \widehat{B'}$.
On déduit : ABC et $A'B'C'$ sont superposables.

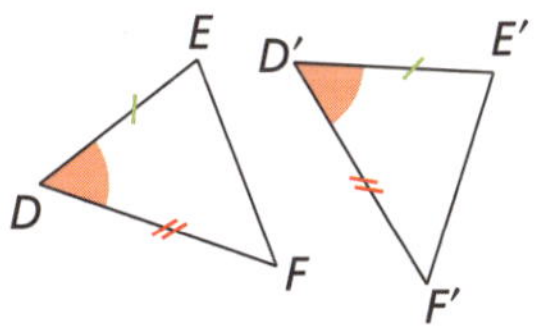

On sait : $\widehat{D} = \widehat{D'}$; $DE = D'E'$ et $DF = D'F'$.
On déduit : DEF et $D'E'F'$ sont superposables.

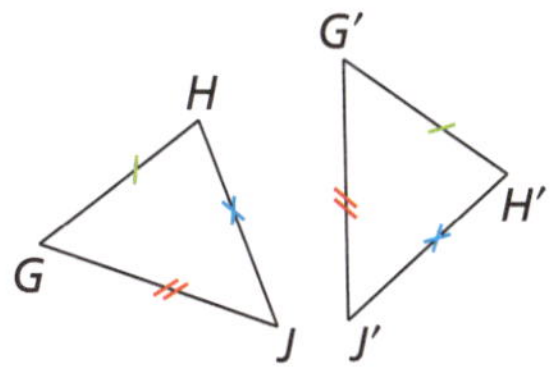

On sait : $GH = G'H'$; $HJ = H'J'$ et $JG = J'G'$.
On déduit : GHJ et $G'H'J'$ sont superposables.

Je comprends comment faire

Construire un triangle

Après avoir rédigé un protocole de construction, construis un triangle *ABC* tel que *AB* = 3 cm ; $\widehat{A}$ = 45° et $\widehat{B}$ = 75°.

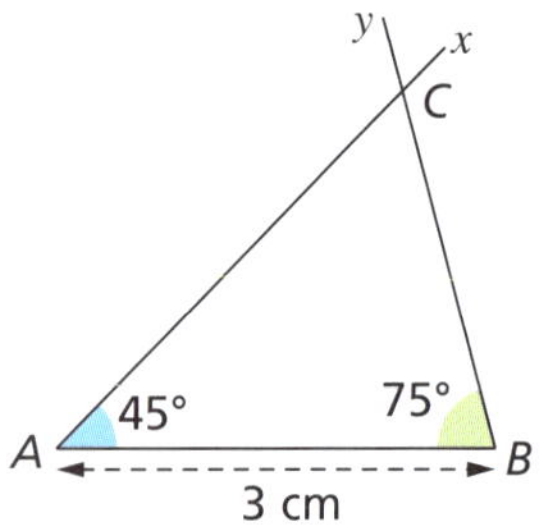

Protocole de construction :
La somme des deux angles est inférieure à 180°.
– on trace un segment [*AB*] tel que *AB* = 3 cm ;
– on trace [*Ax* telle que $\widehat{BAx}$ = 45° ;
– on trace [*By* telle que $\widehat{ABy}$ = 75°, dans le même demi-plan de frontière (*AB*) que [*Ax* ;
– on appelle *C* le point d'intersection de [*Ax* et [*By*.
Tout autre triangle construit avec ce protocole sera superposable à *ABC* (1er cas d'égalité).

Après avoir rédigé un protocole de construction, construis un triangle *DEF* tel que *DE* = 2,9 cm, *DF* = 2 cm et $\widehat{EDF}$ = 60°.

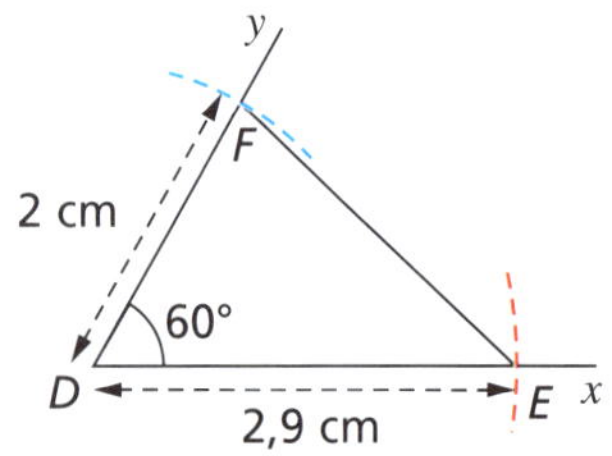

Protocole de construction :
– on trace un angle $\widehat{xDy}$ tel que $\widehat{xDy}$ = 60° ;
– on place sur [*Dx* le point *E* tel que *DE* = 2,9 cm ;
– on place sur [*Dy* le point *F* tel que *DF* = 2 cm ;
– on trace le segment [*EF*].
Tout autre triangle construit avec ce protocole sera superposable à *DEF* (2e cas d'égalité).

Après avoir rédigé un protocole de construction, construis un triangle *GHJ* tel que *GH* = 3,3 cm, *GJ* = 2,3 cm et *HJ* = 2,1 cm.

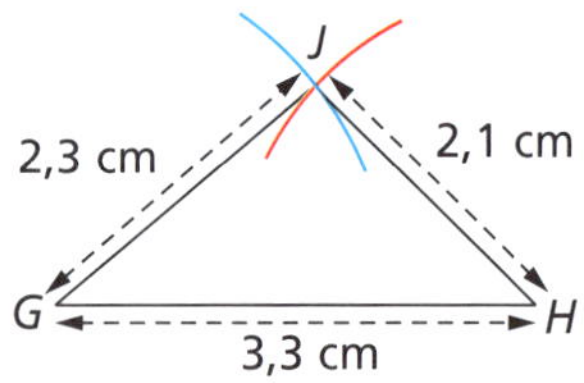

Protocole de construction :
On vérifie que le plus grand côté est inférieur à la somme des deux autres côtés (3,3 < 2,3 + 2,1).
– on trace un segment [*GH*] tel que *GH* = 3,3 cm.
– on trace un arc de cercle (centre *G* ; rayon 2,3 cm) ;
– on trace un arc de cercle (centre *H* ; rayon 2,1 cm) dans le même demi-plan de frontière (*GH*) que le précédent ;
– on appelle *J* le point d'intersection des deux arcs ;
– on trace les segments [*GJ*] et [*HJ*].
Tout autre triangle construit avec ce protocole sera superposable à *GHJ* (3e cas d'égalité).

Notes

Corrigés p. 176

Je m'entraîne

Brouillon

Exercice 1

[*AB*] est un diamètre* d'un cercle de centre *O*.
[*CD*] est une corde* de ce cercle telle que $O \notin [CD]$.

En utilisant l'inégalité triangulaire dans le triangle *COD*, prouve que l'on a : $CD < AB$.

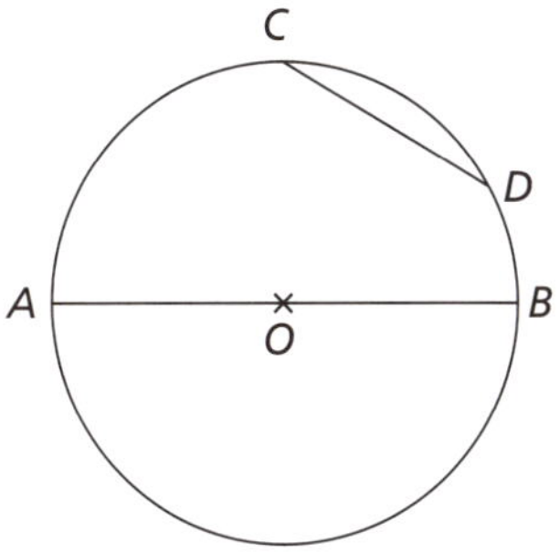

Exercice 2

Après avoir vérifié que les données fournies permettent de construire un triangle *ABC*, effectue la construction avec les instruments (règle, compas, rapporteur).

a. $AB = 40$ mm ; $BC = 27$ mm ; $CA = 23$ mm.

A ——— B

b. $AB = 40$ mm ; $\widehat{A} = 38°$ et $\widehat{B} = 52°$.

A ——— B

c. $AB = 40$ mm ; $AC = 37$ mm et $\widehat{A} = 30°$.

A ——— B

Exercice 3

a. [*AB*] et [*CD*] sont deux cordes* d'un cercle (*C*) de centre *O* telles que *AB* = *CD*.

Prouve que $\widehat{AOB} = \widehat{COD}$.

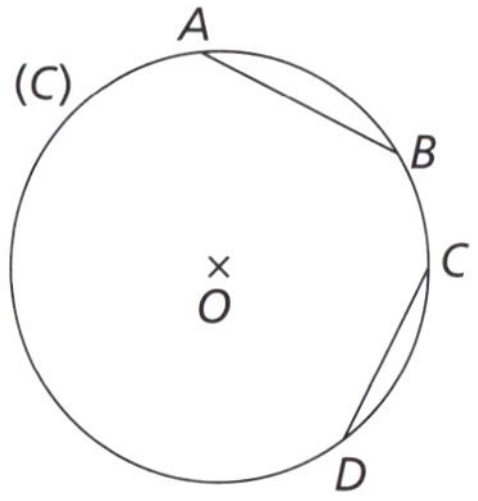

....

....

....

b. [*EF*] et [*GH*] sont deux cordes d'un cercle (*C*) de centre *O* telles que $\widehat{EOF} = \widehat{GOH}$.

Prouve que *EF* = *GH*.

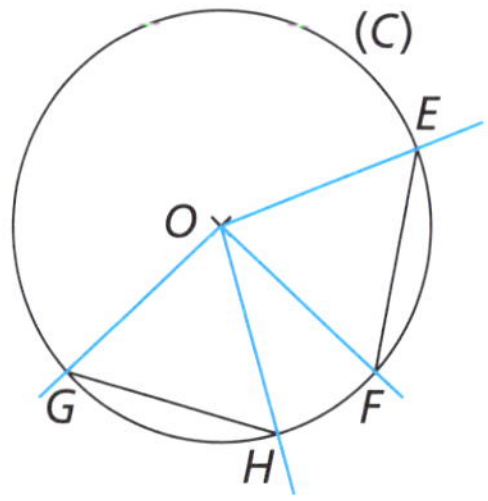

....

....

....

Exercice 4

La figure ci-contre représente deux cercles (*C*) et (*C'*) de même centre *O* (cercles concentriques).
S et *N* sont deux points du cercle (*C*).
R et *M* sont deux points du cercle *(C')*.
Les points *S*, *O* et *R*, d'une part, et *M*, *O* et *N*, d'autre part, sont alignés.

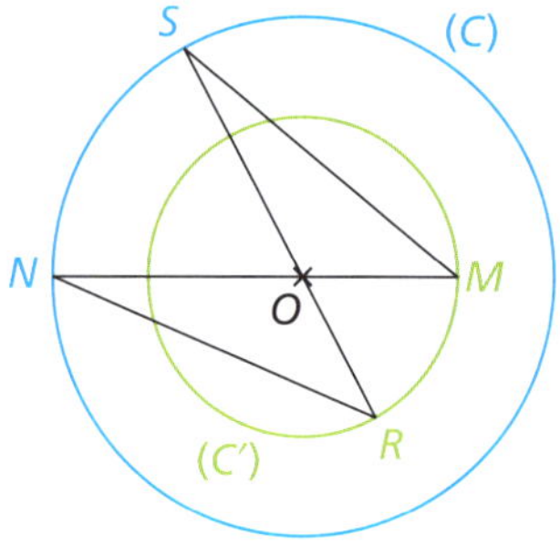

Prouve que les triangles *MOS* et *RON* sont égaux, puis complète les égalités.

....

....

....

....

....

MS = ... ; $\widehat{OMS}$ = ... ; $\widehat{OSM}$ = ...

Brouillon

Brouillon

Exercice 5

Sur le côté [*AB*] du triangle *ABC*, on a construit le carré *ABEF*.
Sur le côté [*AC*] du triangle *ABC*, on a construit le carré *ACGH*.

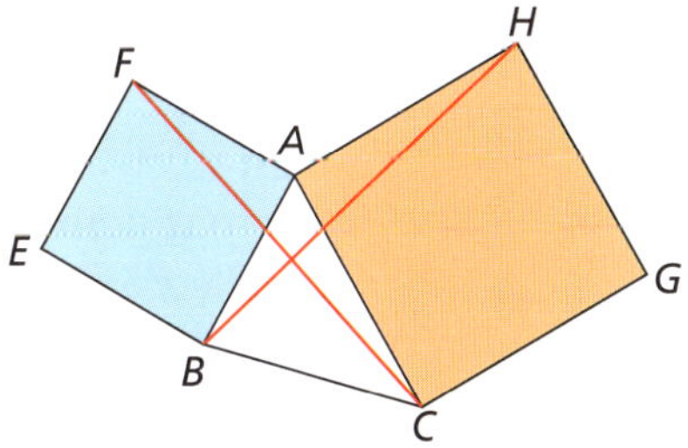

a. Démontre que les triangles *FAC* et *BAH* sont égaux.

....

....

....

b. Justifie l'égalité *BH* = *CF*.

....

....

Exercice 6

ABCD est un quadrilatère appelé « fer de lance ».
La droite *xy* est le support des bissectrices* de chacun des angles $\widehat{BAD}$ et $\widehat{BCD}$ de *ABCD*.

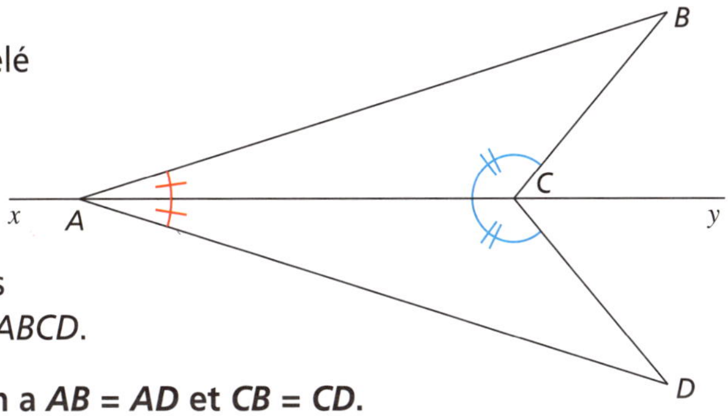

a. Prouve que l'on a *AB* = *AD* et *CB* = *CD*.

....

....

....

b. La droite (*AC*) est la médiatrice de [*BD*].

Justifie cette affirmation.

....

....

Corrigés des exercices

Exercice 1

Dans le triangle *OCD*, chaque côté est strictement inférieur à la somme des deux autres. D'où : $CD < OC + OD$. [*OC*] et [*OD*] sont deux rayons et [*AB*] est un diamètre de ce cercle. Par suite $OC + OD = AB$ (double du rayon du cercle) et $\boldsymbol{CD < AB}$.

Exercice 2

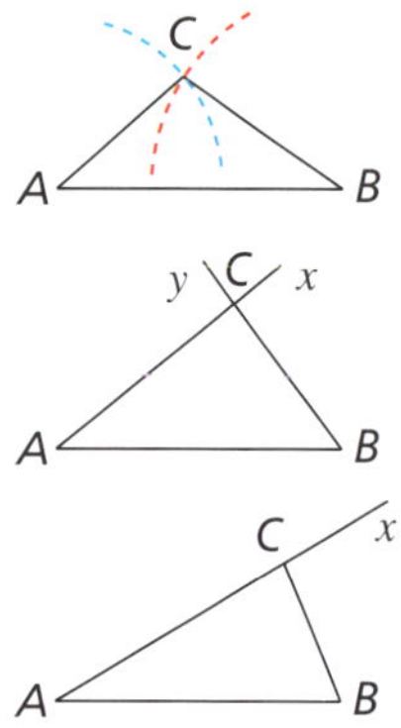

Échelle 1/2

a. Le plus grand côté est inférieur à la somme des deux autres car $40 < 27 + 23$. Le cercle de centre *A* et de rayon 23 mm coupe le cercle de centre *B* et de rayon 27 mm en *C*.
b. On a $38° + 52° < 180°$. On trace, dans le même demi-plan de frontière (*AB*), la demi-droite [*Ax* telle que $\widehat{BAx} = 38°$ et la demi-droite [*By* telle que $\widehat{ABy} = 52°$.
Le point *C* est à l'intersection des deux demi-droites.
c. On a : $30° < 180°$. On trace la demi-droite [*Ax* telle que $\widehat{BAx} = 30°$. On place *C* sur [*Ax* tel que *AC* = 37 mm.

Exercice 3

a. Dans les triangles *OAB* et *OCD*, on a : *OA* = *OC* (rayon du cercle) ; *OB* = *OD* (rayon du cercle) ; *AB* = *CD* (cordes égales) ; les triangles sont superposables (3ᵉ cas d'égalité). D'où : $\boldsymbol{\widehat{AOB} = \widehat{COD}}$ car les angles opposés aux côtés égaux sont égaux.
b. Les triangles *OEF* et *OGH* ont un angle égal ($\widehat{EOF} = \widehat{GOH}$) compris entre deux côtés respectivement égaux (*OE* = *OG* et *OF* = *OH*) ; ces triangles sont superposables (2ᵉ cas d'égalité). On en déduit que ***EF* = *GH*** car les côtés opposés aux angles égaux sont égaux.

Exercice 4

On considère les triangles *MOS* et *RON*. On a : *OM* = *OR* (rayon du cercle (*C'*)) ; *OS* = *ON* (rayon du cercle (*C*)) ; $\widehat{MOS} = \widehat{RON}$ (angles opposés par le sommet). **Ces triangles sont égaux** (2ᵉ cas d'égalité). D'où : ***MS* = *RN*** ; $\boldsymbol{\widehat{OMS} = \widehat{ORN}}$ et $\boldsymbol{\widehat{OSM} = \widehat{ONR}}$.

Exercice 5

a. On considère les triangles *FAC* et *BAH*. On a : *AF* = *AB* (côtés du carré *ABEF*) ; *AC* = *AH* (côtés du carré *ACGH*) ; $\widehat{FAC} = \widehat{FAB} + \widehat{BAC} = 90° + \widehat{BAC}$;
$\widehat{BAH} = \widehat{BAC} + \widehat{CAH} = \widehat{BAC} + 90°$; d'où : $\widehat{FAC} = \widehat{BAH}$.
Les triangles ***FAC* et *BAH* sont donc égaux** (2ᵉ cas d'égalité des triangles).
b. On a ***BH* = *CF*** car, lorsque deux triangles sont superposables (on dit aussi égaux), les côtés opposés aux angles égaux ont la même longueur.

Exercice 6

a. Les triangles *ACB* et *ACD* ont un côté égal (*AC* = *AC*). On a : $\widehat{CAB} = \widehat{CAD}$ ([*Ay* est la bissectrice de $\widehat{BAD}$) et $\widehat{BCA} = \widehat{DCA}$ ([*Cx* est bissectrice de $\widehat{BCD}$) ; les triangles *ACB* et *ACD* sont donc égaux (1ᵉʳ cas d'égalité des triangles). D'où : ***AB* = *AD*** et ***CB* = *CD***.
b. De l'égalité des triangles *ACB* et *ACD*, on déduit *AB* = *AD* et *CB* = *CD*. Les points *A* et *C* sont équidistants des extrémités de [*BD*] ; **(*AC*) est donc la médiatrice de [*BD*]**.

Aires du triangle et du parallélogramme

Je retiens le cours

1 Aire du triangle

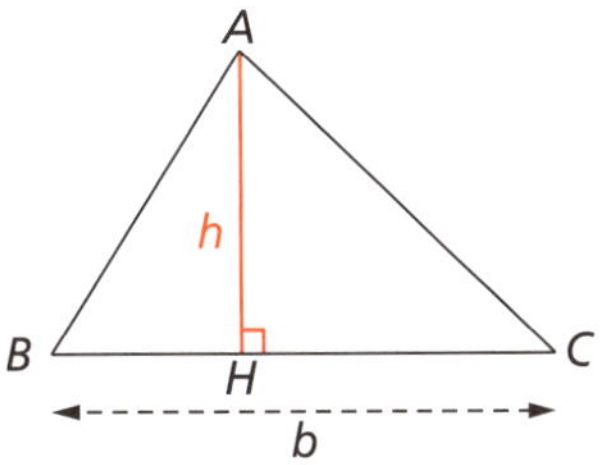

L'aire d'un triangle est égale au demi-produit d'un côté par la hauteur* associée à ce côté.

Si b et h désignent les mesures (avec la même unité) des longueurs du côté [BC] et de la hauteur [AH], l'aire $\mathscr{A}$ du triangle ABC (avec l'unité associée à l'unité de longueur) est telle que $\mathscr{A} = \frac{b \times h}{2}$.

Avec b = 35 mm et h = 20 mm, on a :

$\mathscr{A}$ = 350 mm^2 car $\frac{35 \times 20}{2} = 350$.

2 Aire du parallélogramme

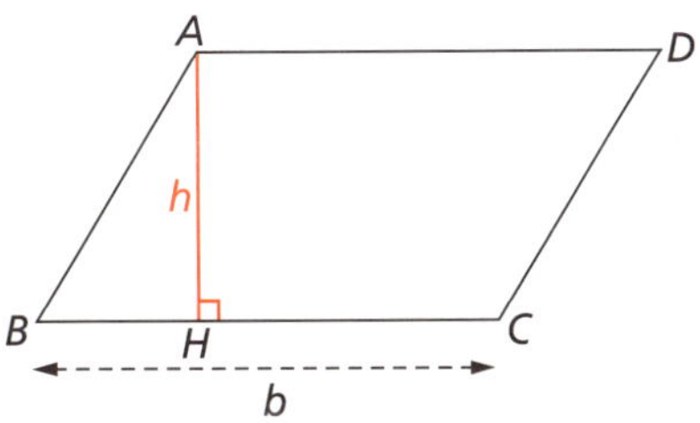

L'aire d'un parallélogramme est égale au produit d'un côté par la hauteur* associée à ce côté.

Si b et h désignent les mesures (avec la même unité) des longueurs du côté [BC] et de la hauteur [AH], l'aire $\mathscr{A}$ du parallélogramme $ABCD$ (avec l'unité associée à l'unité de longueur) est telle que $\mathscr{A} = b \times h$.

Avec b = 3,6 cm et h = 2 cm , on a :

$\mathscr{A}$ = 7,2 cm^2 car $3{,}6 \times 2 = 7{,}2$.

Notes

Je comprends comment faire

Utiliser la formule donnant l'aire d'un triangle

Le triangle ABC est tel que $AB = 35$ mm et $BC = 48$ mm.
La hauteur $[AH]$, relative au côté $[BC]$, est telle que $AH = 27$ mm.

1° Calcule l'aire du triangle ABC.

2° $[CK]$ est la hauteur relative au côté $[AB]$.
Calcule CK.

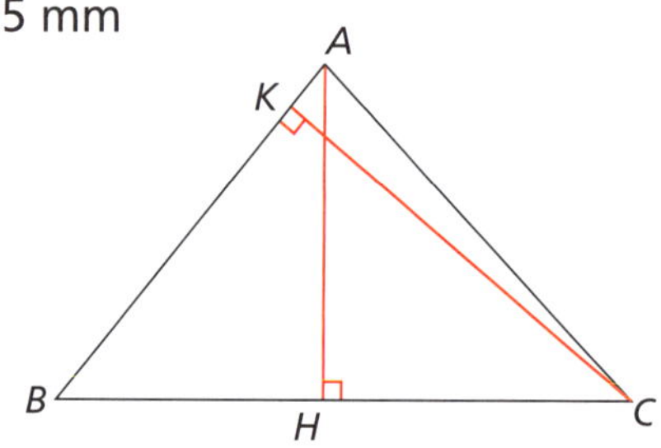

1° On sait que **l'aire $\mathscr{A}$ d'un triangle est égale au demi-produit d'un côté par la hauteur associée à ce côté**.

$\mathscr{A} = \dfrac{BC \times AH}{2}$; $\boldsymbol{\mathscr{A}}$ **= 648 mm²** car $\dfrac{48 \times 27}{2} = 648$.

2° $[CK]$ est la hauteur associée au côté $[AB]$; d'où : $\mathscr{A} = \dfrac{AB \times CK}{2}$

ce qui s'écrit aussi $2\mathscr{A} = AB \times CK$; soit $2 \times 648 = 35 \times CK$ et

$\boldsymbol{CK \approx 37}$ **mm** car $\dfrac{2 \times 648}{35} \approx 37$.

Utiliser la formule donnant l'aire d'un parallélogramme

Le parallélogramme $ABCD$ est tel que $BC = 6{,}5$ cm.
La hauteur $[AH]$, relative au côté $[BC]$, est telle que $AH = 2{,}6$ cm.
La hauteur $[CK]$, relative au côté $[AB]$, est telle que $CK = 5{,}2$ cm.

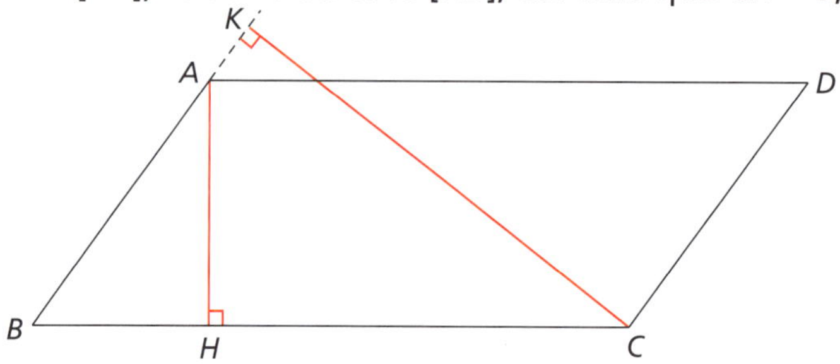

1° Calcule l'aire du parallélogramme $ABCD$.

2° Calcule AB.

1° On sait que **l'aire $\mathscr{A}$ d'un parallélogramme est égale au produit d'un côté par la hauteur associée à ce côté**.

$\mathscr{A} = BC \times AH$; $\boldsymbol{\mathscr{A}}$ **= 16,9 cm²** car $6{,}5 \times 2{,}6 = 16{,}9$.

2° $[CK]$ est la hauteur associée au côté $[AB]$; d'où : $\mathscr{A} = AB \times CK$;
$16{,}9 = AB \times 5{,}2$; d'où : $\boldsymbol{AB = 3{,}25}$ **cm** car $16{,}9 : 5{,}2 = 3{,}25$.

Notes

Corrigés p. 182

Je m'entraîne

Brouillon

Exercice 1

Calcule l'aire de chacun des triangles.

a. $\widehat{ABC} = 90°$; $AB = 21$ mm et $BC = 38$ mm.

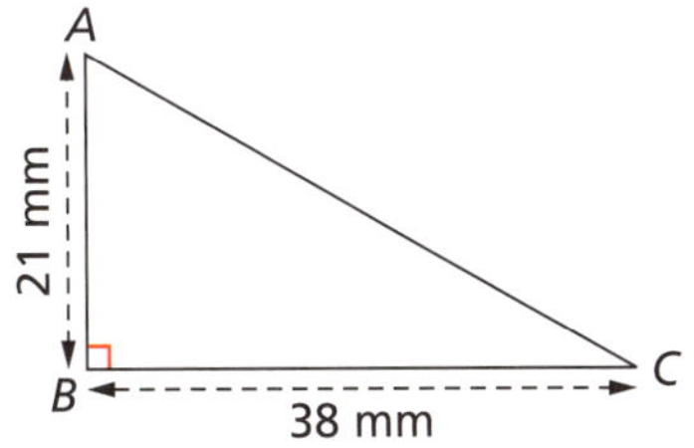

b. $DE = DF$; $(DD') \perp (EF)$; $ED' = 2,4$ cm et $DD' = 1,5$ cm.

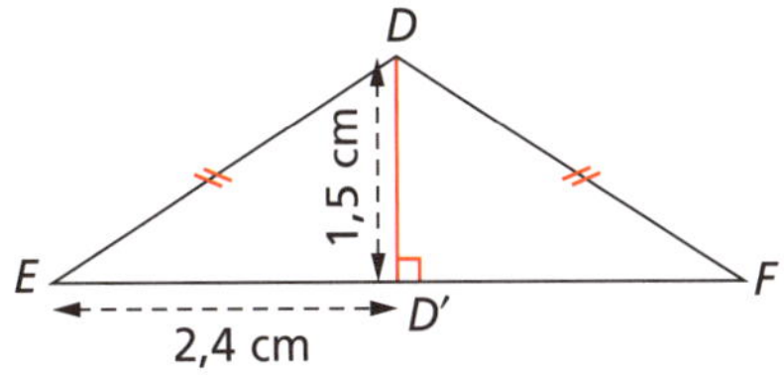

c. $(GG') \perp (HJ)$; $HJ = 16$ mm et $GG' = 4,6$ cm.

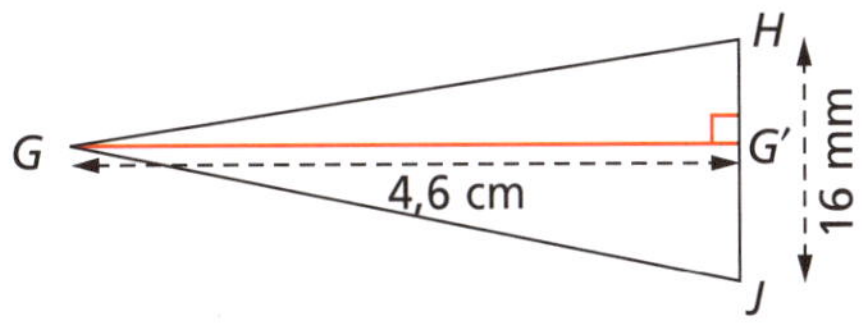

Exercice 2

Calcule l'aire de chacun des quadrilatères, après avoir expliqué pourquoi c'est un parallélogramme particulier.

a. $\widehat{ABC} = \widehat{BCD} = \widehat{CDA} = 90°$; $AB = 37$ mm ; $BC = 15$ mm.

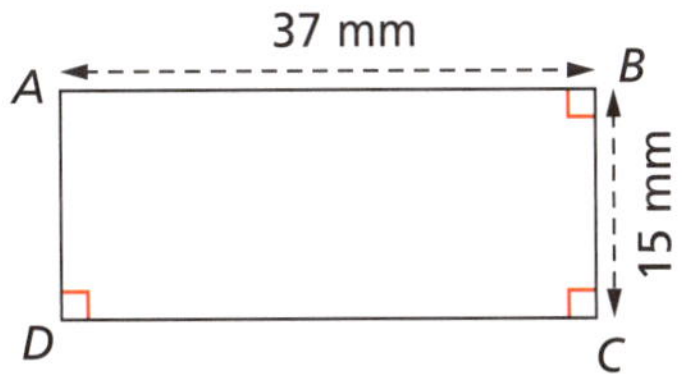

b. $O \in [EG]$ et $OE = OG$; $O \in [FH]$ et $OF = OH$; $(EG) \perp (FH)$; $OE = 2,2$ cm et $OF = 1,1$ cm.

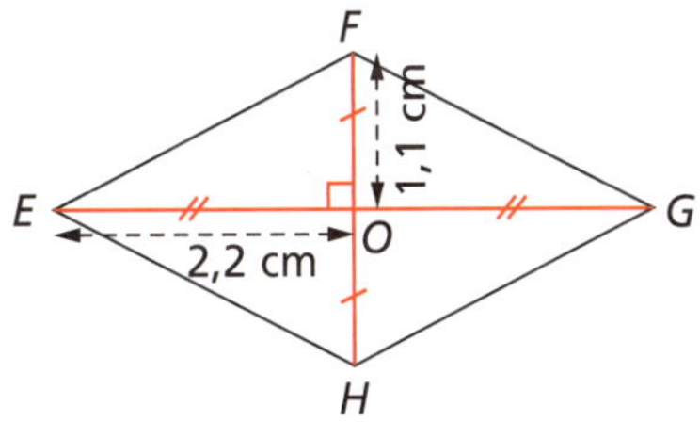

Exercice 3

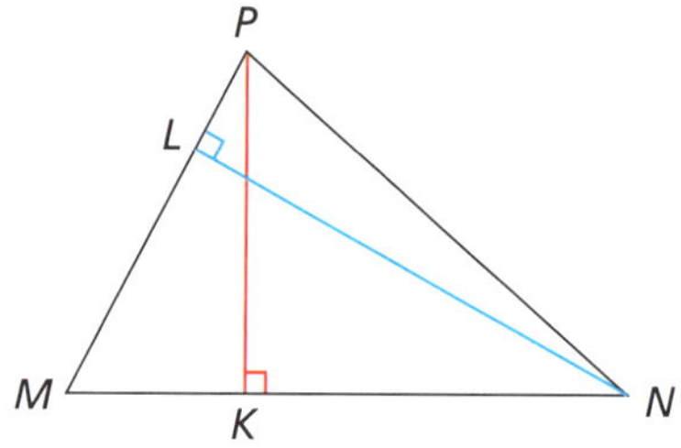

Le triangle *MNP* a un côté [*MN*] de 4,2 cm ; la hauteur* associée [*PK*] est telle que *PK* = 2,4 cm.

a. **Calcule l'aire du triangle *MNP*.**

....

b. Le côté [*MP*] est tel que *MP* = 2,8 cm.

Calcule la hauteur *NL* associée à ce côté.

....

....

Exercice 4

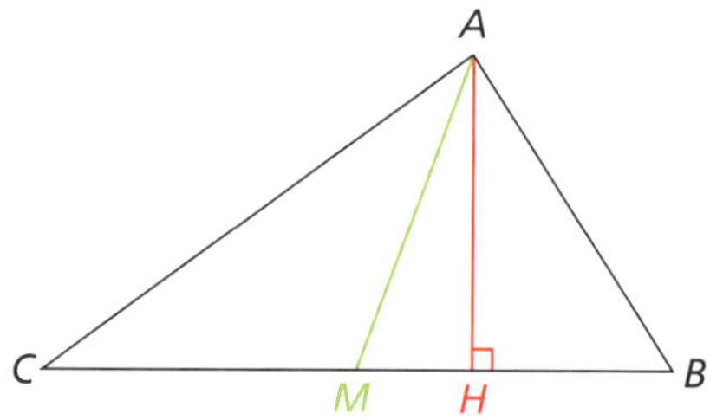

Dans un triangle *ABC*,
M est le milieu de [*BC*]
et (*AH*) $\perp$ (*BC*).
[*AM*] est une médiane*
et [*AH*] est une hauteur
du triangle *ABC*.
On sait que *BC* = 50 mm et
AH = 24 mm.

a. **Calcule l'aire du triangle *ABC*.**

....

b. **Calcule l'aire du triangle *ABM*.**

....

c. **Justifie l'affirmation suivante : « La médiane [*AM*] partage le triangle *ABC* en deux triangles de même aire. »**

....

....

....

Brouillon

Exercice 5

Les droites Δ et Δ' sont parallèles.
On a : $A \in \Delta$; $B \in \Delta$ et $AB = 3$ cm.
Les points *C, D, E, F, G* et *H* de la droite Δ' sont tels que :
$AC = 3$ cm et $(BE) // (AC)$; $(AD) \perp \Delta'$ et $(BF) // (AD)$; $(AG) // (BH)$.
On a aussi : $DA = FB = GK = 2{,}5$ cm (distance de la droite Δ' à la droite Δ).

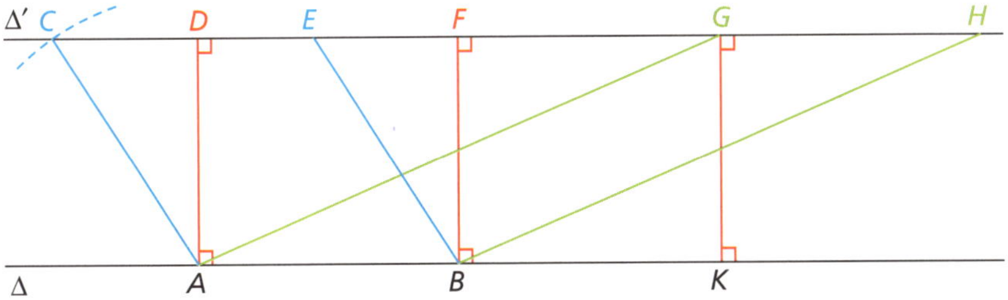

a. Léo affirme : « Deux des trois parallélogrammes *ACEB*, *ADFB* et *AGHB* sont particuliers ! ».

Explique pourquoi il a raison.

....

....

....

b. Léa affirme : « Les trois parallélogrammes *ACEB*, *ADFB* et *AGHB* ont la même aire ! ».

Explique pourquoi elle a raison.

....

....

....

Brouillon

Corrigés des exercices

Exercice 1

a. $[AB]$ est la hauteur relative au côté $[BC]$; $\mathscr{A}_{ABC}$ **= 399 mm²**
car $\dfrac{AB \times BC}{2} = \dfrac{21 \times 38}{2} = 399$.

b. $[DD']$ est la hauteur relative au côté $[EF]$ du triangle isocèle DEF. La droite (DD') est un axe de symétrie de DEF ; d'où : $ED' = D'F = 2{,}4$ cm et $EF = 4{,}8$ cm.

$\mathscr{A}_{DEF}$ **= 3,6 cm²** car $\dfrac{EF \times DD'}{2} = \dfrac{4{,}8 \times 1{,}5}{2} = 3{,}6$.

c. On exprime les dimensions avec la même unité : $GG' = 46$ mm et $HJ = 16$ mm.

$\mathscr{A}_{GHJ}$ **= 368 mm²** car $\dfrac{HJ \times GG'}{2} = \dfrac{16 \times 46}{2} = 368$.

Exercice 2

a. *ABCD* est **un rectangle** (3 angles droits), ses côtés opposés sont parallèles, c'est donc un parallélogramme particulier.

$\mathscr{A}_{ABCD}$ **= 555 mm²** car $AB \times BC = 37 \times 15 = 555$.

b. *EFGH* est **un losange** (diagonales perpendiculaires se coupant en leur milieu), ses côtés opposés sont parallèles, c'est donc un parallélogramme particulier.
Son aire est égale à quatre fois celle du triangle rectangle *EOF*.

$\mathscr{A}_{EFGH}$ **= 4,84 cm²** car $4 \times \dfrac{1{,}1 \times 2{,}2}{2} = 4{,}84$.

Exercice 3

a. $\mathscr{A}_{MNP}$ **= 5,04 cm²** car $\dfrac{MN \times PK}{2} = \dfrac{4{,}2 \times 2{,}4}{2} = 5{,}04$.

b. La formule $\mathscr{A} = \dfrac{b \times h}{2}$ donne $2\mathscr{A} = b \times h$, puis $h = \dfrac{2\mathscr{A}}{b}$;

***NL* = 3,6 cm** car $\dfrac{2 \times 5{,}04}{2{,}8} = 3{,}6$.

Exercice 4

a. **Aire$_{ABC}$ = 600 mm²** car $\dfrac{BC \times AH}{2} = \dfrac{50 \times 24}{2} = 600$.

b. *M* est le milieu de $[BC]$; $BM = CM = 25$ mm.

Aire$_{ABM}$ = 300 mm² car $\dfrac{BM \times AH}{2} = \dfrac{25 \times 24}{2} = 300$.

c. Aire$_{ACM}$ = 300 mm² car $\dfrac{CM \times AH}{2} = \dfrac{25 \times 24}{2} = 300$.

Par suite, **Aire$_{ABM}$ = Aire$_{ACM}$ = $\dfrac{1}{2}$ (Aire$_{ABC}$)**.

Exercice 5

a. ***ACEB* est un losange** (côtés opposés parallèles et deux côtés consécutifs égaux : $AB = AC = 3$ cm). ***ADFB* est un rectangle** (côtés opposés parallèles et un angle droit en *D*).

b. **Les 3 parallélogrammes ont la même aire** (base commune : *AB* ; hauteur égale : $DA = GK$).

Grandeurs et mesures

Je retiens le cours

1 Grandeurs mesurables

▸ Une grandeur (longueur, durée, masse...) n'est pas un nombre, mais a pour mesure un nombre qui l'exprime à partir d'une grandeur choisie comme unité.

▸ Les unités légales de mesure de longueur, de durée et de masse sont respectivement le mètre, la seconde et le kilogramme.

Notes

2 Calculs avec des grandeurs

▸ En mathématiques, il est d'usage de calculer sur des mesures, puis d'exprimer le résultat sous forme de grandeur.

▸ Dans les applications des mathématiques à la physique, la chimie, la biologie..., il est d'usage de calculer directement sur des grandeurs.

Ex. : **• Si un prisme de hauteur 15 mm a une base d'aire 64 mm^2, son volume est égal à 960 mm^3 car $15 \times 64 = 960$.**
En termes de grandeurs, on écrit : 15 mm × 64 mm^2 = 960 mm^3.

• Si on doit calculer avec des angles, il est d'usage de calculer directement avec des grandeurs.
Pour la somme des angles d'un triangle, on a : $58° + 72° + 50° = 180°$.

• Si on doit calculer avec des durées, il est d'usage de calculer directement avec les grandeurs.
Deux émissions de télévision successives durent respectivement 1 h 30 min et 2 h 25 min, la durée totale est de 3 h 55 min car :
1 h 30 min + 2 h 25 min = 3 h 55 min.
Dans ce cas, on ajoute les heures avec les heures (1 h + 2 h = 3 h) et les minutes avec les minutes (30 min + 25 min = 55 min).

Je comprends comment faire

Calculer avec des angles

La figure ci-contre représente un triangle ABC tel que $\widehat{ABC} = 60°$ et $\widehat{ACB} = 70°$.
La bissectrice $[Bx$ de l'angle $\widehat{ABC}$ coupe en P la bissectrice $[Cy$ de l'angle $\widehat{ACB}$.
Calcule l'angle $\widehat{BPC}$.

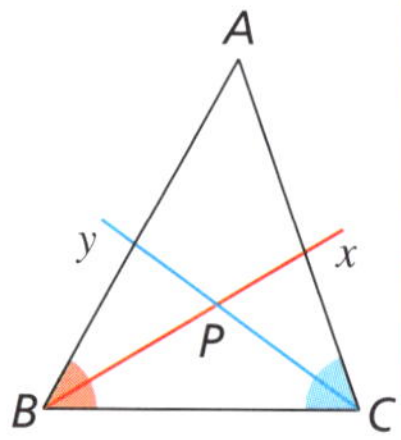

Chaque bissectrice partage l'angle en deux angles égaux.
$\widehat{CBx} = \widehat{ABC} : 2 = 60° : 2 = 30°$; $\widehat{BCy} = \widehat{ACB} : 2 = 70° : 2 = 35°$.
La somme des angles du triangle *BPC* est égale à 180°.
$\widehat{BPC} + \widehat{CBx} + \widehat{BCy} = 180°$; $\widehat{BPC} + 30° + 35° = 180°$;
$\widehat{BPC} + 65° = 180°$; $\widehat{BPC} = 180° - 65°$; $\mathbf{\widehat{BPC} = 115°}$.

Calculer avec des durées

Un spectacle est composé de deux parties séparées par un entracte de 15 min. La première partie dure 1 h 30 min et la seconde 1 h 25 min.
Le spectacle ayant commencé exactement à 20 h, à quelle heure sera-t-il terminé ?

Calculons la durée totale d du spectacle.
d = 1 h 30 min + 15 min + 1 h 25 min
= 1 h + 30 min + 15 min + 1 h + 25 min ;
d = 2 h + 70 min = 2 h + 1 h + 10 min = 3 h 10 min.

Le spectacle se terminera à 23 h 10 min car :
20 h + 3 h 10 min = 23 h 10 min.

Calculer avec des longueurs, des aires et des volumes

Un bassin parallélépipédique a pour base un carré de 8 m de côté et pour hauteur 2,5 m.

1° Calcule l'aire de la base, puis le volume de ce bassin.

2° Calcule la hauteur de l'eau lorsqu'on verse 120 m³ d'eau dans ce bassin.

1° **L'aire de la base est égale à 64 m²** car 8 m × 8 m = 64 m².
Le volume du bassin est égal à 160 m³ car 64 m² × 2,5 m = 160 m³.

2° La formule $V = B \times h$ donne $h = \frac{V}{B}$; $\mathbf{h = \frac{120\ m^3}{64\ m^2} = 1{,}875\ m}$.

Corrigés p. 188

Je m'entraîne

Brouillon

Exercice 1

Une randonnée pédestre a été effectuée en deux étapes.
Léo a mis 2 h 51 min pour la première et 3 h 5 min pour la seconde.
Léa a mis 2 h 55 min pour chacune des deux étapes.
Léon a mis 2 h 51 pour la première et 6 h en tout.

a. Calcule la durée totale de la randonnée pour Léo et pour Léa.

....

....

b. Calcule la durée de la seconde étape pour Léon.

....

Exercice 2

Un skieur de fond a effectué un parcours de 80 km. Il a parcouru chaque tranche de 20 km respectivement en 55 min, 52 min, 50 min et 58 min.
La vitesse moyenne (unité : km/min) s'obtient en divisant la distance parcourue (en km) par la durée du parcours (en min).

a. Quelle est la vitesse moyenne de ce skieur sur chacun des quatre tronçons ?

....

....

....

....

b. Calcule la vitesse moyenne de ce skieur sur l'ensemble du parcours.

....

....

Brouillon

Exercice 3

Deux angles supplémentaires ont pour somme 180°. Deux angles complémentaires ont pour somme 90°. La bissectrice d'un angle partage l'angle en deux angles adjacents égaux.

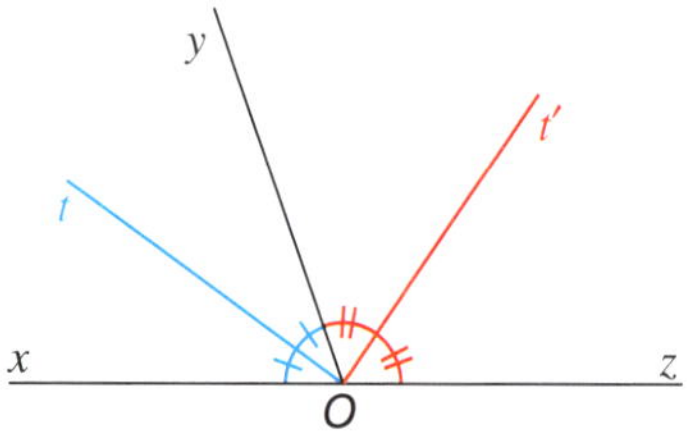

Les angles $\widehat{xOy}$ et $\widehat{yOz}$ sont adjacents et supplémentaires. [Ot est la bissectrice de l'angle $\widehat{xOy}$ et [Ot' est la bissectrice de l'angle $\widehat{yOz}$. Sur la figure, on a : $\widehat{xOy}$ = 70°.

Prouve que les angles $\widehat{tOy}$ et $\widehat{yOt'}$ sont complémentaires.

....

....

....

Exercice 4

[*AB*] est un diamètre du cercle (*C*) de centre *O*.
M est un point du cercle (*C*).
L'angle $\widehat{MBA}$ a son sommet sur le cercle et ses côtés coupent le cercle en *A* et en *M* (on dit que c'est un « angle inscrit »). L'angle $\widehat{MOA}$ a son sommet au centre du cercle (on dit que c'est un « angle au centre »).
Sur la figure on a : $\widehat{MBA}$ = 30°.

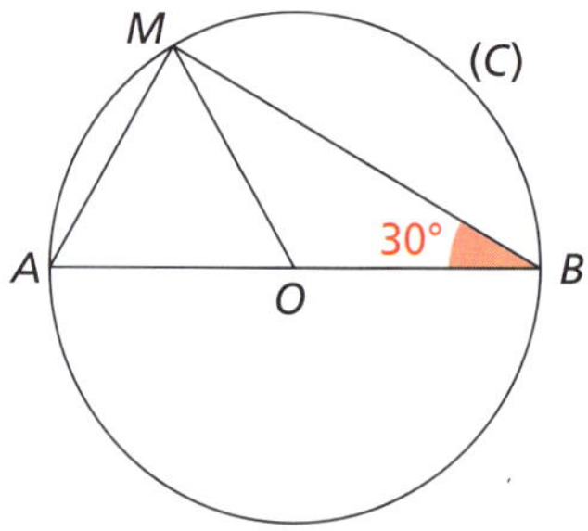

a. **Calcule chacun des angles du triangle isocèle *MOB*.**

....

....

b. **Calcule chacun des angles du triangle *MOA*.**

....

....

c. **Vrai ou faux ?** L'angle inscrit $\widehat{MBA}$ est égal à la moitié de l'angle au centre $\widehat{MOA}$.   Vrai ☐   Faux ☐

Brouillon

Exercice 5

Un spectacle de plein air débute à 21 h 10 et se termine à 23 h 25. Le service d'ordre est en place 2 h avant le début du spectacle et se retire 45 min après la fin du spectacle.

a. **Quelle est la durée du spectacle ?**

....

b. **Calcule la durée totale du travail du service d'ordre.**

....

Exercice 6

Un miroir a la forme d'un octogone (huit côtés) constitué d'un carré central entouré de quatre rectangles et de quatre triangles rectangles*. La figure ci-contre indique les dimensions du miroir.

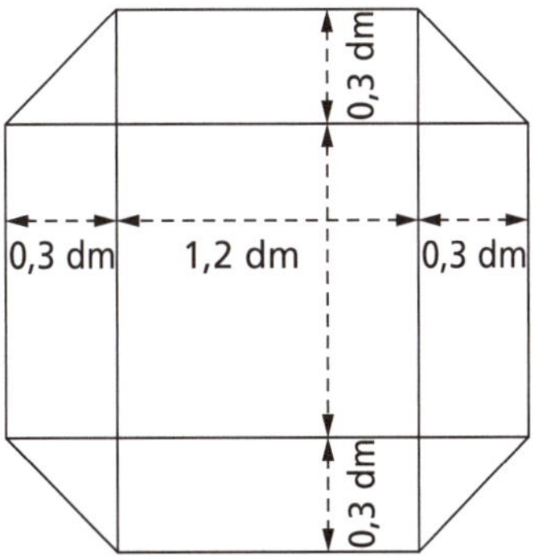

a. **Calcule l'aire de ce miroir.**

....

....

....

b. Ce miroir est un prisme de verre d'épaisseur 8 mm.
Calcule son volume.

....

....

....

c. Le verre constituant le miroir pèse 2,8 kg par dm^3.
Calcule la masse de ce miroir.

....

....

....

Corrigés des exercices

Exercice 1

a. **Léo a mis 5 h 56 min** car 2 h + 51 min + 3 h + 5 min = 5 h + 56 min.
Léa a mis 5 h 50 min car 2 × 2 h + 2 × 55 min = 4 h + 110 min = 5 h 50 min.
b. Pour la seconde étape, **Léon a mis 3 h 9 min**
car 6 h – 2 h 51 min = 5 h 60 min – 2 h 51 min = 3 h 9 min.

Exercice 2

a. 1er tronçon : 20 km : 55 min ≈ **0,364 km/min.**
2e tronçon : 20 km : 52 min ≈ **0,385 km/min.**
3e tronçon : 20 km : 50 min = **0,4 km/min.**
4e tronçon : 20 km : 58 min ≈ **0,345 km/min.**
b. Durée totale : 215 min (3 h 35 min) ; distance totale : 80 km.
Vitesse moyenne : 80 km : 215 min ≈ **0,372 km/min.**

Exercice 3

$\widehat{xOy}$ et $\widehat{yOz}$ ont pour somme 180° (angles supplémentaires) ; $\widehat{yOz}$ = 180° – 70° = 110°.
On a : $\widehat{xOt} = \widehat{tOy} = \widehat{xOy}$: 2 = 70° : 2 = 35° ; $\widehat{yOt'} = \widehat{t'Oz} = \widehat{yOz}$: 2 = 110° : 2 = 55°.
$\widehat{tOy} + \widehat{yOt'}$ = 35° + 55° = 90° ; **$\widehat{tOy}$ et $\widehat{yOt'}$ sont des angles complémentaires.**

Exercice 4

a. *MOB* est isocèle car *OM* = *OB* ; ses angles à la base sont égaux donc
$\widehat{OMB} = \widehat{OBM}$ = 30°. La somme des angles du triangle est égale à 180° ;
d'où : **$\widehat{BOM}$** = 180° – (30° + 30°) **= 120°**.
b. Les angles $\widehat{MOA}$ et $\widehat{MOB}$ sont supplémentaires ;
$\widehat{MOA}$ = 180° – $\widehat{MOB}$ = 180° – 120° = 60°.
MOA est isocèle et a un angle de 60°, il est donc équilatéral (voir leçon 24, exercice 3) ; d'où : **$\widehat{MOA} = \widehat{OAM} = \widehat{AMO}$ = 60°**.
c. **Vrai :** On a $\widehat{MBA}$ = 30° (énoncé) et $\widehat{MOA}$ = 60° (question b.) : l'angle inscrit $\widehat{MBA}$ est donc égal à la moitié de l'angle au centre $\widehat{MOA}$.

Exercice 5

a. **Durée du spectacle : 2 h 15 min** car 23 h 25 min – 21 h 10 min = 2 h 15 min.
b. **Durée totale du travail : 5 h** car 2 h + (2 h + 15 min) + 45 min = 4 h 60 min = 5 h.

Exercice 6

a. Carré central : 1,2 dm × 1,2 dm = 1,44 dm^2 ; rectangle : 1,2 dm × 0,3 dm = 0,36 dm^2 ; triangle rectangle : (0,3 dm × 0,3 dm) : 2 = 0,045 dm^2.
Aire totale du miroir : 1,44 dm^2 + 4 × 0,36 dm^2 + 4 × 0,045 dm^2 **= 3,06 dm^2**.
b. Le volume d'un prisme droit est égal au produit de l'aire de la base (3,06 dm^2) par la hauteur du prisme (8 mm = 0,08 dm) ; ***V*** = 3,06 dm^2 × 0,08 dm **= 0,2448 dm^3**.
c. **Ce miroir a une masse de 0,685 44 kg** car si 1 dm^3 a une masse de 2,8 kg, alors 0,244 8 dm^3 aura une masse de 2,8 × 0,244 8 kg, soit 0,685 44 kg.

Lexique – Index

D

Dénominateur, 31

Dénominateur commun, 37, 38

Développer, 20

Diagonale d'un quadrilatère : Une diagonale d'un quadrilatère est un segment qui joint deux sommets opposés du quadrilatère.

Diagramme circulaire, 101

Diagramme en bâtons, 101

Diagramme semi-circulaire, 101, 102

Diamètre d'un cercle : Un diamètre est un segment joignant deux points du cercle et contenant le centre de ce cercle.

Différence (fractions), 37

Différence (quotients), 37

Différence (relatifs), 61

Disque : Le disque de centre O et de rayon R est l'ensemble des points du plan situés à une distance inférieure ou égale à R du point O.

Disque (aire), (voir aire du disque)

Disque (périmètre), (voir longueur du cercle)

Distance (droite graduée), 61

Distributivité, 19

Dividende, 25

Diviseur, 25

Divisibilité (critères) :
– Un nombre est divisible par 2 lorsque le chiffre des unités est 0 ; 2 ; 4 ; 6 ou 8.
– Un nombre est divisible par 5 lorsque le chiffre des unités est 0 ou 5.
– Un nombre est divisible par 10 lorsque le chiffre des unités est 0.
– Un nombre est divisible par 3 lorsque la somme de ses chiffres est divisible par 3.
– Un nombre est divisible par 9 lorsque la somme de ses chiffres est divisible par 9.

Division euclidienne, 25

Droite graduée, 43

Droites parallèles : Deux droites qui ne sont pas sécantes sont parallèles. Deux droites parallèles n'ont aucun point commun ou sont confondues.

Droites perpendiculaires : Deux droites qui se coupent en faisant un angle droit sont perpendiculaires (les quatre angles sont droits).

Droites sécantes : Deux droites qui ont un seul point commun sont sécantes.

E - F - G

Échelle, 89

Écriture fractionnaire, 31

Égalité (fractions), 31

Égalité (quotients), 31

Événement (probabilité), 113

Éventualité (probabilité), 113

Expérience aléatoire, 113

Face d'un prisme, 123

Facteur d'un produit : 2 et 5 sont les deux facteurs du produit 2×5.

Factoriser, 20

Fraction, 31

Fréquences, 107

Génératrice du cylindre, 129, **131**

Grandeurs mesurables, 183

H - I - L

Hauteur du cylindre, 129

Hauteur du parallélogramme : Dans un parallélogramme, la droite passant par un sommet et perpendiculaire au support du côté opposé est une hauteur du parallélogramme.
Le mot « hauteur » désigne à la fois une droite, un segment et la mesure de la longueur de ce segment.

Hauteur du prisme, 123

Hauteur du triangle : Dans un triangle, la droite passant par un sommet et perpendiculaire au support du côté opposé est une hauteur.
Le mot « hauteur » désigne à la fois une droite, un segment et la mesure de la longueur de ce segment.

Hypoténuse : Dans un triangle rectangle, le côté opposé à l'angle droit est l'hypoténuse.

Inégalité triangulaire, 171

Inférieur (strictement), 44

Issue (probabilité), 113

Longueur du cercle : Pour un cercle de rayon R, la longueur L est telle que $L = 2\pi R$.

Losange, 147

Symétrie axiale : Deux points *A* et *B* sont symétriques par rapport à une droite *D* lorsque *D* est la médiatrice du segment [*AB*].

T – V

Termes d'une différence : 12 et 7 sont les termes de la différence 12 – 7.

Termes d'une somme : 7 et 8 sont les termes de la somme 7 + 8.

Trapèze : Un quadrilatère qui a deux côtés opposés parallèles est un trapèze ; les côtés parallèles sont les bases du trapèze.

Triangle équilatéral : Un triangle qui a trois côtés de même longueur est un triangle équilatéral.

Triangle isocèle : Un triangle qui a deux côtés de même longueur est un triangle isocèle.

Triangle rectangle : Un triangle qui a un angle droit est un triangle rectangle.

Volume du pavé droit : Le volume V d'un pavé droit de dimensions L, l et h est tel que $V = L \times l \times h$.

Volume du cube : Le volume V d'un cube d'arête a est tel que $V = a \times a \times a = a^3$.

Achevé d'imprimer en mai 2020 en Espagne par Macrolibros
Dépôt légal : décembre 2018 - Édition 02
73/1586/8